浙江省普通高校"十三五"新形态教材
绍兴文理学院新形态教材出版基金资助
智能建造与管理系列丛书

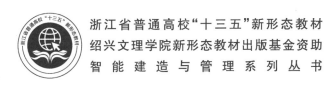

装配式建筑 BIM 建造施工管理

主　编　姜　屏　王　伟

副主编　方　睿　李　娜

ZHEJIANG UNIVERSITY PRESS
浙江大学出版社
·杭州·

图书在版编目(CIP)数据

装配式建筑 BIM 建造施工管理/姜屏,王伟主编. —杭州:
浙江大学出版社,2022.6
ISBN 978-7-308-22572-4

Ⅰ.①装… Ⅱ.①姜… ②王… Ⅲ.①建筑工程－装
配式构件－工程管理－应用软件－教材 Ⅳ.①TU71－39

中国版本图书馆 CIP 数据核字(2022)第 070676 号

装配式建筑 BIM 建造施工管理

ZHUANGPEISHI JIANZHU BIM JIANZAO SHIGONG GUANLI

主　编　姜　屏　王　伟

副主编　方　睿　李　娜

责任编辑　王元新

责任校对　徐　霞

封面设计　BBL 品牌实验室

出版发行　浙江大学出版社
　　　　　(杭州市天目山路 148 号　邮政编码 310007)
　　　　　(网址:http://www.zjupress.com)

排　　版　杭州星云光电图文制作有限公司

印　　刷　浙江嘉报设计印刷有限公司

开　　本　787mm×1092mm　1/16

印　　张　8.25

字　　数　186 千

版 印 次　2022 年 6 月第 1 版　2022 年 6 月第 1 次印刷

书　　号　ISBN 978-7-308-22572-4

定　　价　33.00 元

编写人员名单

主　编　　姜　屏　绍兴文理学院

　　　　　　　王　伟　绍兴文理学院

副主编　　方　睿　同创工程设计有限公司

　　　　　　　李　娜　绍兴文理学院

参　编　　王　耀　中建海峡建设发展有限公司

　　　　　　　应森源　浙江中清大建筑产业化有限公司

　　　　　　　朱　挺　绍兴市科技产业投资有限公司

　　　　　　　熊　锐　中建海峡建设发展有限公司

　　　　　　　钱　彪　同创工程设计有限公司

　　　　　　　高越青　绍兴文理学院

　　　　　　　陶红雨　绍兴文理学院

　　　　　　　张晓楠　同创工程设计有限公司

　　　　　　　吴小菲　杭州熙域科技有限公司

前　言

随着我国建筑工业化的推进,以新型建筑工业化带动建筑业全面转型升级成为当前建筑业的重要发展模式。在此背景下,为了适应当前及未来建筑业改革和发展的要求,需要大力培养新型建筑工业化专业人才,因此在建筑类相关专业开设装配式建筑课程显得尤为重要。

智能建造与管理系列丛书作为浙江省普通高校"十三五"新形态教材、绍兴文理学院新形态教材,通过探索"互联网十"的新形态,融合移动互联网技术,以嵌入二维码的纸质教材为载体,融入视频、图文、动画等数字资源,将理论和实践案例紧密结合,将思政元素融入课程,适应了新时代技术技能人才培养的新要求。本系列教材主要围绕装配式项目实施阶段的施工技术、施工管理、工程造价等几方面内容展开,包括《装配式建筑施工技术》《装配式建筑 BIM 建造施工管理》《装配式工程计量与计价》三本。

"装配式建筑 BIM 建造施工管理"是一门集知识性和实践性于一体的课程。本教材根据学生的思维认识规律及接受程度,由浅入深,对装配式建筑建造与 BIM 施工管理进行全面和深入的介绍,带领学生从对理论知识的跟学状态转变到独立学习和思考状态。教材系统介绍了装配式建筑和 BIM 技术的发展概况,基于 BIM 技术翔实地讲解了装配式建筑的项目组织机构管理,施工组织技术方案,施工进度计划,质量、安全和环境管理,成本管理以及信息管理的基本原理和具体方法,示例了装配式建筑各施工环节的 BIM 应用方法与操作步骤,便于学生理解和掌握相关知识,提高学生应用先进管理技术解决复杂土木工程问题的能力。

本教材共 7 章,系统介绍了装配式建筑 BIM 建造施工管理的理论与方法,结构体系完整,每章前面有知识目标、能力目标、思政目标和本章思维导图,供学习和教学参考。第 1 章内容为装配式建筑与 BIM 技术的发展概况。第 2 章内容为装配式建筑项目组织机构管理。第 3 章内容为装配式建筑施工组织技术方案。第 4 章至第 6 章内容为基于 BIM 技术的装配式建筑施工进度、质量、安全、环境和成本管理。第 7 章内容为基于 BIM 技术的装配式建筑施工信息管理。

本教材由学校、企业等多方人员参与编写。第 1 章由姜屏、王伟、钱彪编写,第 2 章由方睿、王耀、李娜编写,第 3 章由王伟、朱挺、应森源、吴小菲编写,第 4 章由姜屏、李娜、熊锐编写,第 5 章由王伟、陶红雨、张晓楠编写,第 6 章由王伟、姜屏、高越青编写,第 7 章由方睿、姜屏、李娜、吴小菲编写。在编写过程中,得到了同创工程设计有限公司、中建海峡建设发展有限公司、浙江中清大建筑产业化有限公司、绍兴市科技产业投资有限公司、杭州熙域科技有限公司等单位以及绍兴文理学院土本工程061班王宝林、盛佳伟、蔡峰、宋如、陆鉴、俞成强等毕业生的大力支持,在此表示诚挚的谢意!绍兴文理学院的硕士研究生周琳、杨建冬、张伟清、钱健、周旭辉、代文豪等参与了本书的编写工作,特此感谢!本书参考了相关著作,主要参考文献列于书末,在此特向有关作者致谢。

本教材可作为高等学校工程造价专业、工程管理专业和建筑工程专业的教材,也可作为工程造价和工程管理等从业人员的参考用书。由于装配式建筑技术和工程造价理论、实践还处于不断完善和发展阶段,加之编者水平有限,书中难免有疏漏之处,恳请读者批评指正。

编者
2022 年 2 月

目　录

第1章 绪 论

知识目标

了解装配式建筑总体发展概况,熟悉装配式混凝土结构建筑及装配式钢结构建筑的发展概况,并掌握装配式建筑施工管理分析;了解 BIM 技术发展概况,熟悉 BIM 技术在建筑工程及 BIM 建造在装配式中的应用;讨论装配式建筑 BIM 建造的发展。

能力目标

能够准确表述装配式建筑及 BIM 技术的发展概况,并能对装配式建筑施工管理进行分析。

思政目标

通过对装配式建筑及 BIM 技术的讲解,促进学生对专业知识的理解、拓展和深化,激发学生科技报国的国家情怀和使命担当。

本章思维导图

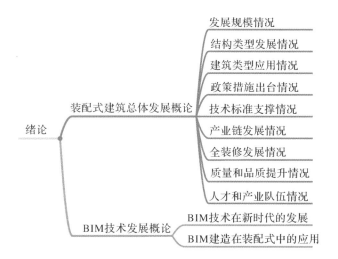

1.1 装配式建筑总体发展概况

1.1.1 结构类型发展情况

从结构形式看,依然以装配式混凝土结构为主,在装配式混凝土住宅建筑中以剪力墙结构形式为主。2019 年,新开工装配式混凝土结构建筑 2.7 亿 m^2,占新开工装配式建筑的比例为 65.4%;钢结构建筑 1.3 亿 m^2,占新开工装配式建筑的比例为 30.4%;木结构建筑 242 万 m^2,其他混合结构形式装配式建筑 1512 万 m^2。

2019 年,住房和城乡建设部批复了浙江、山东、四川、湖南、江西、河南、青海 7 个省开展钢结构住宅试点,指导地方明确了试点目标、范围以及重点工作任务,组织制定了具体试点工作方案,落实了一批试点项目。随着试点工作的不断深入,钢结构住宅的标准规范、技术体系、产业链和监管制度将逐步完善,为钢结构装配式住宅发展奠定良好基础。

1.1.2 发展规模情况

据统计,2019 年全国新开工装配式建筑 4.2 亿 m^2,较 2018 年增长 45%,占新建建筑面积的比例约为 13.4%。住房和城乡建设部在《"十三五"装配式建筑行动方案》中指出,到 2020 年全国装配式建筑占新建建筑的比例达到 15% 以上,其中重点推进地区达到 20% 以上。总的来看,近年来装配式建筑呈现良好的发展态势,在促进建筑产业转型升级、推动城乡建设领域绿色发展和高质量发展方面发挥了重要作用。

从各区域发展情况来看:重点推进地区引领发展,其他地区也呈规模化发展局面。根据文件划分,京津冀、长三角、珠三角三大城市群为重点推进地区,常住人口超过 300 万的其他城市为积极推进地区,其余城市为鼓励推进地区。2019 年,重点推进地区新开工装配式建筑占全国的比例为 47.1%,积极推进地区和鼓励推进地区新开工装配式建筑占全国比例的总和为 52.9%,装配式建筑在东部发达地区继续引领全国的发展,同时,其他一些省(区、市)也逐渐呈规模化发展局面。上海市 2019 年新开工装配式建筑面积 3444 万 m^2,占新建建筑的比例达 86.4%;北京市 1413 万 m^2,占比为 26.9%;湖南省 1856 万 m^2,占比为 26%;浙江省 7895 万 m^2,占比为 25.1%。江苏、天津、江西等地装配式建筑在新建建筑中占比均超过 20%。

1.1.3 建筑类型应用情况

近年来,装配式建筑在商品房中的应用逐步增多。2019 年新开工装配式建筑中,商品住房为 1.7 亿 m^2,保障性住房为 0.6 亿 m^2,公共建筑为 0.9 亿 m^2,分别占新开工装配式建筑的 40.7%、14% 和 21%。在各地政策支持引领下,特别是将装配式建筑建设要求列入控制性详细规划和土地出让条件,有效推动了装配式建筑的发展。

1.1.4　政策措施出台情况

自《国务院办公厅关于大力发展装配式建筑的指导意见》出台后,全国各省(自治区、直辖市)均出台了推进装配式建筑发展的相关政策文件。2016—2019 年出台装配式建筑相关政策文件的数量分别为 33、157、235、261 个,不断完善配套政策和细化落实措施,特别是各项经济激励政策和技术标准为推动装配式建筑发展提供了制度保障和技术支撑。

总的来看,近年来装配式建筑呈现良好发展态势,并且在促进建筑产业转型升级、推动城乡建设领域绿色发展和高质量发展方面发挥了重要作用。

1.1.5　技术标准支撑情况

经过多年的实践积累,装配式混凝土建筑形成了多种类型的技术体系,建立了结构、围护、设备管线、装修相互协调的相对完整产业链。2019 年,住房和城乡建设部发布了《装配式混凝土建筑技术体系发展指南(居住建筑)》,科学引导各地装配式混凝土技术发展方向。一些龙头企业的钢结构住宅试点项目为钢结构住宅发展提供了实践探索和积累。

1.1.6　产业链发展情况

在政策驱动和市场引领下,装配式建筑的设计、生产、施工、装修等相关产业能力快速提升,同时还带动了构件运输、装配安装、构配件生产等新型专业化公司发展。据统计,2019 年我国拥有预制混凝土构配件生产线 2483 条,设计产能 1.62 亿 m³;钢结构构件生产线 2548 条,设计产能 5423 万 t。新开工装配化装修建筑面积由 2018 年的 699 万 m² 增长为 2019 年的 4529 万 m²。

1.1.7　全装修发展情况

据统计,2019 年,全装修建筑面积为 2.4 亿 m²,2018 年为 1.2 亿 m²,增长了 1 倍。其中,2019 年装配化装修建筑面积为 4529 万 m²,2018 年为 699 万 m²,增长了 5.5 倍。尽管装配式装修发展速度较快,但总量还是偏少。

1.1.8　质量和品质提升情况

各地住房和城乡建设主管部门高度重视装配式建筑的质量安全和建筑品质提升,并在实践中积极探索的同时,多措并举,形成了很多丰富的经验。一是加强了关键环节把关和监管,例如北京、深圳等多地实施设计方案和施工组织方案专家评审、施工图审查、构件驻厂监理、构件质量追溯、灌浆全程录像、质量随机检查等监管措施。二是改进了施工工艺工法,通过技术创新降低施工难度。如北京市推广使用套筒灌浆饱满度监测器,有效解决了套筒灌浆操作过程中灌不满、漏浆等问题。三是加大了工人技能培训,各地行业协会和龙头企业积极投入开展产业工人技能培训,推动了职工技能水平的提升。四是装配化装修带动了建筑产品质量品质综合性能的提升。如北京市公租房项目采用装配式建造和装配化装修,有效解决了建筑质量通病问题,室内维保报修率下降超过70%。

1.1.9 人才和产业队伍情况

近年来,我国装配式建筑项目建设量增长较快,对于装配式建筑的人才需求尤其强烈。2018和2019年,经人力和社会资源保障部批准,中国建设教育协会、中国就业培训技术指导中心、住房和城乡建设部科技与产业化发展中心联合举办了两届全国装配式建筑职业技能竞赛。该活动对于提高装配式建筑产业工人技能水平、推动企业加大人才培养力度、增强装配式建筑职业教育影响力具有重要导向意义。一些职业技能培训的民办学校和龙头企业积极培养新时期建筑产业工人,为装配式建筑发展培养了一大批技能人才。北京、上海、深圳等地也纷纷出台人才培养措施,包括加大职业技能培训资金投入,建立培训基地,加强岗位技能提升培训,广泛开展技术讲座、专家研讨会、技术竞赛等活动,采取多种措施满足装配式建筑建设的人才需求。

1.2 BIM技术发展概况

1.2.1 BIM技术在新时代的发展

建筑信息模型(Building Information Model,BIM)以建筑工程项目的各项相关信息数据作为模型的基础,进行建筑模型的建立,通过数字信息仿真模拟建筑物的真实信息。BIM概念最初应用于航空航天及机械制造行业,在建筑业的应用起于美国的查尔斯·伊士曼(Charles Eastman).博士的项目,主要的推动者是Jerry Laiserin,最初的目的是为将来项目决策提供可靠的依据。BIM技术在各国有不同的含义,但总体上得到了高度的重视和广泛的应用。

早在20世纪七八十年代,国外学者在论文中就提出了"建筑信息模型"相关概念。21世纪初,随着计算机硬件水平及3D图形处理分析技术的飞速发展,在工程建设领域中开始引入建筑信息技术,以Autodesk公司为代表的软件行业巨头开始开发以数字化建造为核心概念的新一代软件产品,其中,最具代表性的是Autodesk Revit,包括专为支持建筑信息模型的Revit Architecture(建筑设计)、Revit MEP(安装设计)和Revit Structure(结构设计),其目标是作为革命性的新一代设计平台以取代传统AutoCAD系列产品,实现建筑行业信息交互协同合作。

在2010年前后,全球进入BIM时代,即BIM理念和方法成为建筑设施行业的基础元素,这得益于诸多软件厂商推出的简单好用的CaBIM工具。这是工业史上的又一个新技术推动产业升级的典范。

2013年成为世界BIM业界的分水岭:发达国家较为普及,开始退潮,大型BIM展会和杂志停办;但是中国市场开始火爆起来,至2016年建立了约30个BIM联盟组织。

在国外,2007—2012 年,Autodesk 继续强化建模软件 Revit,并多方收购建模软件,包括 Robobat、Ecotect、HorizontalClue 和 Qontext 等。以两者为基础开发的 BIM360 产品线已是按照转型后的云战略部署的云端产品,并推出基于 Revit 的 Dynamo 可视化编程插件。此时,CaBIM 产品之 Autodesk 阵营已然成为市场领导者。

2011 年,Autodesk 推出了平民级家装设计云产品美家达人。当时是整个计算机工业都在向云计算转型的时期,CaBIM 软件行业也受其影响。中国出现第一个 BIM 研究中心(华中科技大学),第一部中文著作《BIM 总论》。IBM 收购了 IWMS 系统 Tririga。CAFM/IWMS 软件市场开始进入巨头竞争时代。基于 BIM 思想设计的数据管理平台和 FM 软件开始出现。BIM 技术的发展历程如图 1-1 所示。

BIM 技术发展

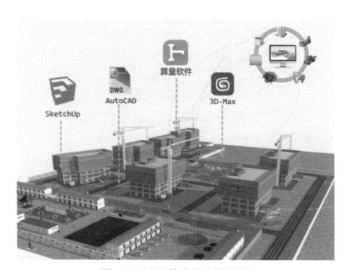

图 1-1　BIM 技术的发展历程

2012 年,天宝(Trimble)收购谷歌旗下的 SketchUp,将其纳入天宝新成立的 BIM 产品线 (DBO),后又收购了一系列 BIMPM/CAFM 相关软件,包括著名的 TEKLA、VICO、Prolog、Manhattan 和 Gehry Technologies'G Team。加上天宝既有的 GPS 设备、激光扫描仪等硬件产品,CaBIM 产品的天宝阵营正式形成。天宝还收购了老牌 FM 系统 Manhattan,使得天宝成为唯一拥有全生命周期软件的公司。之前一度也曾经达到过全生命周期产品线的 Autodesk,由于在 2011 年关闭 FMDesktop 软件而缺失 FM 环节,只在 BIM360 中稍有弥补。在这一时期,CaBIM 概念已不限于软件,而是扩展到硬件领域,甚至物联网、大数据、云。

2012 年,天宝收购原 ArchiCAD 阵营的 5D 软件 VICO。

2013 年,IFMA 基金会出版《FM 经理的 BIM》。

2014 年,广联达收购芬兰 MagiCAD,加之推出 BIM 产品,欲成国产 BIM 软件霸主。与此同时,创立 4 年的上海 BIM 沙龙关闭。但是在此期间,BIM 人才渐起、翻模员岗位剧增、国产建筑软件,尤其是 CAD 软件纷纷改称 BIM,巨大的建筑市场使得中国还出现了第一个 BIM 本科专业(吉林建筑大学),同时政府扶持力度巨大,致使融合了当代特色的中国式 BIM 逐渐形成。

2015 年,天宝与内梅切克形成战略伙伴,Autodesk 与广联达联合。

2016 年,内梅切克收购 Solibri,旗下 ArchiCAD 主推 OpenBIM 概念。同年,天宝与 Autodesk 联合。

2017 年,Autodesk 放弃内容网站项目,把运营了近 10 年的 SEEK 网站转给了 BIMobject网站。

2017 年年初,中国国务院 19 号文件发布,标志着中国的 BIM 术语期结束。

1.2.2　BIM 建造在装配式中的应用

1.BIM 技术在设计阶段的应用

在设计阶段,按照标准化、模块化进行设计,利用 Revit 软件创建项目所需的族,建立完善的构件库,例如预制柱、预制梁、预制板、预制楼梯、预制外墙板等。建好族库后,后续的建筑、结构、机电设计可直接运用族库中选择所需的族进行三维可视化模型搭建,大大提高了设计的效率。不仅如此,建好的族库可为以后的项目所用,并且可以直接为构件厂提供可供生产的详图。

在传统的设计中,由于项目体量大,设计人数多,出现建筑与结构矛盾的现象(如电梯井、管道井等的位置建筑与结构对应不上的情况),或者出现建筑与装修不对应的现象,还有可能出现土建与机电矛盾的现象,各专业之间协调性差,导致工作效率低。CAD 二维图纸中存在的错、漏、碰、缺现象难以被查出,而 BIM 技术可以很好地解决这个问题。BIM 可以进行三维可视化模拟,构件设计完成后,利用 BIM 相关软件可以检测各构件和设备之间是否有碰撞现象发生,并且可以对碰撞进行标记,并在检测完成后生成碰撞报告,方便后期的修改。如图 1-2 所示。

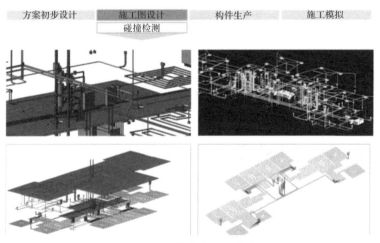

图 1-2　BIM 技术中的碰撞检测

2.BIM 技术在工厂预制生产阶段的应用

预制构件设计完成后进入工厂生成阶段,在生产之前,设计会进行设计交底。传统施工中,常运用二维图纸进行交底,但生产者往往难以掌握设计意图而效果不佳,甚至导致构件生产错误。通过 BIM 技术可以进行三维可视化交底,避错效果突出。在装配式建筑预制构件生产过程中,可将 BIM 技术和射频识别技术(Radio Frequency Identification,RFID)结合。在预制构件内放置芯片,既可以通过构件生产管理子系统从 BIM 数据库里读取对应构件的设计参数,也可以通过 RFID 技术将预制构件生产时的各种信息反馈给 BIM 数据库,实现交互功能。简单来说,RFID 芯片就是预制构件的身份证,可更好地实现 BIM 在装配式建筑全生命周期的管理。

RFID 芯片的生产与物流流程如图 1-3 所示。

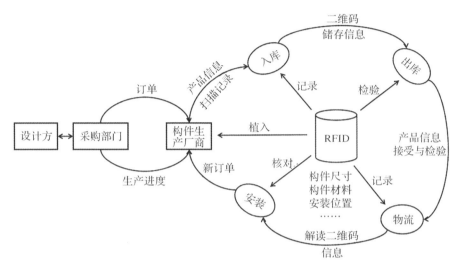

图 1-3　基于 BIM 技术和 RFID 技术的预制构件生产与物流流程优化

同时,BIM 技术可以在 PC 构件制造中不断规范构件生产,从而保证 BIM 技术的准确运用。

(1)构件设计的可视化

采用 BIM 技术进行构件设计,可以得到构件的三维模型,可以将构件的空间信息完整直观地表达给构件生产厂家。

(2)构件生产的信息化

构件生产厂家可以直接提取 BIM 信息平台中各个构件的相关参数,根据相关参数确定构件的尺寸、材质、做法、数量等信息,并根据这些信息合理确定生产流程和做法。通过 BIM 模型,实现构件加工图纸与构件模型双向参数化信息连接,包括图纸编号、构件 ID 码、物理数据、保温层、钢筋信息和外架体系预留孔等。同时,生产厂家也可以对收到的构件信息进行复核,并且根据实际生产情况,向设计单位反馈信息。这样就使得设计和生产环节实现了信息的双向流动,提高了构件生产的信息化程度。

(3)构件生产的标准化

生产厂家可以直接提取 BIM 信息平台中的构件信息,并直接将信息传导到生产线,直接进行生产。同时,生产厂家还可以结合构件的设计信息及自身实际生产的要求,建立标准化的预制构件库,在生产过程中对于类似的预制构件只需调整模具的尺寸即可进行生产。通过标准化、流水线式的构件生产作业,可以提高生产厂家的生产效率,增加构件的标准化程度,减少由人工操作带来的失误,改善工人的工作环境,节省人力和物力。

整个装配式建筑试制流程如图 1-4 所示。

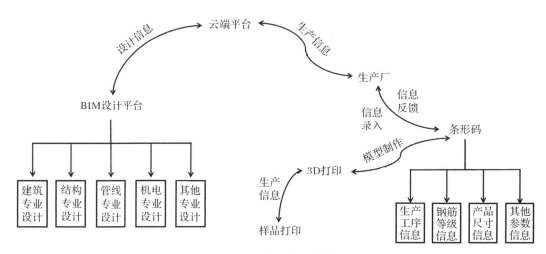

图 1-4 基于 BIM 技术的装配式建筑试制流程

3.BIM 技术在施工阶段的应用

项目进场以前,运用 BIM 进行场地布置,塔吊位置、钢筋加工棚、木工加工棚、材料堆场、临建布置等都可以通过三维图进行清楚明了地表达,根据工艺图编排好预制构件的吊装顺序,根据吊装顺序向工厂提供构件需求计划。通过 RFID 和 BIM 技术,组织现场的施工部署,构件进行合理的堆放,避免出现构件翻转和二次转运的问题。

利用 BIM 技术可以进行施工进度和施工组织模拟,即将预制构件安装时间输入软件中,可以在虚拟环境下对承建项目进行仿真模拟施工。横道图和 3D 动画模拟能够同时直观地展示出来。与此同时,管理人员可以查看任意阶段的施工进度模拟情况。在实际施工中,结合 BIM 虚拟施工模拟,运用 PDCA 循环法则,及时进行计划进度和实际进度的对比分析,优化现场人员、材料、机械等资源配置。在安全、物资、质量、商务等管理方面,BIM 技术结合 RFID 技术,对项目施工管理大有帮助。

在传统建筑竣工交付阶段,施工单位需要将大量的纸质资料归档移交给业主,在进行竣工资料的整理过程中,经常会出现竣工图纸与实际工程建设过程不符、工程变更资料不全的问题,检查起来也会耗费大量的人力与物力。而运用了 BIM 的装配式建筑,可以很好地解决这个问题,项目包含的所有信息在参数化模型中完美体现,并且参数化信息模型是随着项目建设随时更新的。因此在竣工交付阶段,施工单位只需将参数化模型数据库移交给业主,不仅高效便捷,而且该参数化模型数据库可以完成建筑全生命周期的管理。

4.BIM 技术在运营阶段的应用

在运营阶段,BIM 技术仍然能发挥它的作用。它可以通过建筑设施管理,来确保建筑功能、性能满足正常使用的要求。主要工作内容包括建筑设施设备的运营与维护、资产管理和物业管理以及相关的公共服务等。具体应用包括建筑系统分析、运营系统建设、建筑设备运行管理、灾害应急模拟、空间管理、资产管理等。

(1)空间管理上

利用 BIM 技术可建立一个可视化三维模型,所有数据和信息可以从模型中获取和调用。空间管理主要应用在照明、消防等各系统和设备空间定位,以及应用于内部空间设施可视化,直观形象且方便查找。如消防报警时,可在 BIM 模型上快速定位所在位置,并查看周边疏散通道和重要设备;如装修时可快速获取不能拆除的管线、承重墙等建筑构件的相关属性。

(2)设施管理上

设施管理主要包括设施装修、空间规划和维护操作。BIM 技术能够提供关于建筑项目协调一致、可计算的信息,因此信息非常方便共享和重复使用,且业主和运营商便可降低由于缺乏互操作性而导致的成本损失。此外,还可对重要设备进行远程控制。把原来独立运行的各设备信息汇总到统一平台进行管理和控制。通过远程控制,可充分了解设备的运行状况,为业主更好地进行运维管理提供良好条件。设施管理在地铁运营维护中起到了重要作用,在一些现代化程度较高、需要大量高新技术的建筑,如大型医院、机场、厂房等,也会得到广泛应用。

(3)隐蔽工程管理上

基于 BIM 技术的运维可以管理复杂的地下管网,如污水管、排水管、网线、电线及相关管井等隐蔽管线信息,避免了安全隐患,并可在模型中直接获得相对位置关系。当改建或二次装修时可避开现有管网位置,便于管网维修、更换设备和定位。内部相关人员可共享这些电子信息,有变化可随时调整,保证信息的完整性和准确性。

(4)应急管理上

传统突发事件处理多关注响应和救援,而通过 BIM 技术的运维管理,对公共、大型和高层建筑中突发事件管理(包括预防、警报)的相应处理能力非常强。如遇消防事件,BIM 管理系统可通过喷淋感应器感应着火信息,然后在 BIM 信息模型界面中就会自动触发火警警报,着火区域的三维位置立即进行定位显示,控制中心可及时查询周围环境和设备情况,为及时疏散人群和处理灾情提供重要信息。BIM+GIS 等的集成应用还可以扩大安全管理范围。

(5)节能减排管理及系统维护上

通过 BIM 结合物联网技术,日常能源管理监控变得更加方便。通过安装具有传感功能的电表、水表、煤气表,可实现建筑能耗数据的实时采集、传输、初步分析、定时定点上传等基本功能,并具有较强的扩展性。系统还可以实现室内温湿度的远程监测,分析房间内的实时温湿度变化,配合节能运行管理。在管理系统中可及时收集所有能源信息,并通过开发的能源管理功能模块对能源消耗情况进行自动统计分析,对异常能源使用情况进行警告或标识。还可以快速找到损坏的设备及出问题的管道,及时维护建筑内运行的系统。

第 2 章　项目组织机构管理

知识目标

了解项目组织机构管理的研究背景及研究意义;了解 BIM 技术在装配式建造上的应用优势;熟悉基于 BIM 的装配式建筑全流程应用体系;掌握基于 BIM 技术的装配式建造技术的选择;掌握 BIM 技术应用的装配式建筑工程管理模式的建立。

能力目标

具备在不同建筑工程下对 BIM 技术的装配式建造技术的选择,具备建立基于 BIM 技术的装配式建筑工程管理模式的能力。

思政目标

树立创新、协调、绿色、开放、共享的新发展理念,培养熟悉国际规则的建筑业高级管理人才。

本章思维导图

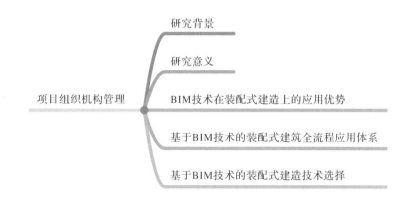

研究背景

研究意义

项目组织机构管理　　BIM技术在装配式建造上的应用优势

基于BIM技术的装配式建筑全流程应用体系

基于BIM技术的装配式建造技术选择

为了推动建筑业全面进入智慧建造时代，住房和城乡建设部在《2016—2020 年建筑业信息化发展纲要》中提出："十三五"期间，要全面提高建筑业信息化水平，着力增强 BIM、大数据、智能化、移动通信、云计算、物联网等信息技术集成应用能力，建筑业的数字化、网络化、智能化要取得突破性进展，要建成一体化的行业监管和服务平台，数据资源利用水平和信息服务能力要有明显提升，形成一批具有较强信息技术创新能力、信息化应用达到国际先进水平的建筑业企业，以及具有关键自主知识产权的建筑业信息技术企业。中国建筑业迎来了全面进入智慧建造的时代。在传统建筑设计与施工中，通常采用二维方式。传统的二维设计方式完全用二维施工图表达，并不很直观。但是，BIM 设计能够用三维自动生成施工图，信息完整直观，实现专业有效整合，充分信息共享，高效协同工作。

《2019 年住房和城乡建设十大重点任务》指出，要以发展新型建造方式为重点，深入推进建筑业供给侧结构性改革。装配式建筑就是一种新型建造方式，它是建筑工业化的一种重要形式，是推动建筑业转型升级的重要抓手。装配式建筑能够达到节水 80%、节能 70%、节时 70%、节材 20%、节地 20% 的效果的同时还低碳环保，符合国家"四节一环保"的发展要求。"以发展新型建造方式为重点，深入推进建筑业供给侧结构性改革"就是要大力发展钢结构等装配式建筑，积极化解建筑材料、用工供需不平衡的矛盾，加快完善装配式建筑技术和标准体系。持续深入开展建筑工程质量提升行动和建筑施工安全专项治理，切实提高工程质量，坚决遏制重特大安全生产事故；深化工程招投标制度改革，加快推行工程总承包，发展全过程工程咨询；扩大建筑产业工人队伍培育示范基地试点范围，推动建筑业劳务企业转型。

拓展资料

装配式建筑采用工厂化生产、现场吊装的建造方式。装配式构件具有多专业信息的集成和精细化设计的特点。发展建筑工业化，就要坚持以信息化带动工业化，以工业化促进信息化，实现两化的深度融合。BIM 技术是建筑业信息化的最佳应用，是装配式建筑体系中的关键技术和最佳平台。因此，装配式建筑需要采用基于 BIM 的一体化建造。基于 BIM 的一体化建造横向来说就是全专业一体化，纵向来说就是全过程的一体化。基于此，装配式建筑可形象地概括为"一体两翼"。"一体"主要指建筑体系完善、成熟和可复制、可推广，"两翼"中"一翼"是以 EPC 工程总承包方式承建装配式建筑，另"一翼"是基于 BIM 技术的一体化设计。可促进以下三个问题的解决：第一是促进、消灭装配式建筑广泛存在的二次设计；第二是大力推广从构建设计生产到装饰装修设计施工的一体化设计模式；第三是推广基于 BIM 的一体化设计，大力推广 BIM。同时，"基于 BIM 的预制装配建筑体系应用技术"重点专项，由中国建筑科学研究院牵头，目标是开发拥有自主知识产权的预制装配式建筑体系 BIM 平台及应用软件，解决预制装配式建筑设计、生产、运输和施工各环节中的协同工作问题，建立完整的基于 BIM 的预制装配式建筑全流程集成应用体系。

2.1 BIM 技术在装配式建造上的应用优势

2.1.1 相互匹配的精度

BIM 能适应建筑工业化精密建造的要求。装配式建筑是采用工厂化生产的构件、配件、部品,采用机械化、信息化的装配式技术组装而成的建筑整体。其工厂化生产的构配件精度能够在毫米级上实现,现场组装也需要较高精度,以满足各种产品组件的安装精度要求。总体来说,建筑工业化要求全面"精密建造",也就是要全面实现设计的精细化、生产加工的产品化和施工装配的精密化。而 BIM 应用的优势,从可视化和 3D 模拟的层面上来说,就是在于"所见即所得",这和建筑工业化的"精密建造"特点高度契合。而在传统建筑生产方式下,由于其粗放型的管理模式和"齐不齐,一把泥"的误差,使得工艺和建造模式无法实现精细化设计、精密化施工的要求,也无法和 BIM 相匹配。

无缝 BIM
信息流程

2.2.2 集成的建筑系统信息平台

新型装配式建筑是设计、生产、施工、装修和管理"五位一体"的体系化和集成化的建筑,不是"传统生产方式＋装配化"的建筑。它应该具备新型建筑工业化的五大特点:标准化设计、工厂化生产、装配化施工、一体化装修和信息化管理。用传统的设计、施工和管理模式进行装配化施工不是建筑工业化。装配式建筑核心是集成,BIM 方法是集成的主线。这条主线串联起设计、生产、施工、装修和管理的全过程,服务于设计、建设、运维、拆除的全生命周期。运用 BIM 技术的装配式建筑流程管理如图 2-1 所示,该过程可以数字化仿真模拟,信息化描述各种系统要素,实现信息化协同设计、可视化装配、工程量信息的交互和节点连接模拟及检验等全新运用,整合建筑全产业链,实现全过程、全方位的信息化集成。

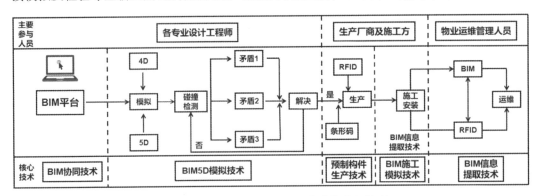

图 2-1 运用 BIM 技术的装配式建筑流程管理

2.2.3　设计过程中建筑、结构、机电、内装各专业的高效合作与协同

BIM 技术可以提供一个信息共享平台,各个专业的设计师通过这一平台建立模型共享信息。大家在一个模型上设计,每个专业都能共享最新信息。任何一个环节出现误差或者修改,其他设计人员均可以及时发现,并对其进行处理。同时,不同专业的设计师可以在同一平台上分工合作,按照一定的标准和原则进行设计,可以大大提高设计精度和设计效率,具体过程如图 2-2 所示。

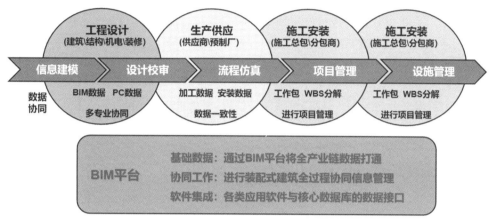

图 2-2　BIM 技术支撑装配式建筑全过程应用

不同类型的 BIM 软件可以根据专业和项目阶段做如下区分。
建筑:包括 BIM 建筑模型创建、几何造型、可视化、BIM 方案设计等。
结构:包括 BIM 结构建模、结构分析、深化设计等。
机电:包括 BIM 机电建模、机电分析等。
施工:包括碰撞检查、4D 模拟、施工进度和质量控制等。
其他:包括绿色设计、模型检查、造价管理等。
运营管理 FM(Facility Management)。
数据管理 PDM(Product Data Management)。

2.2　基于 BIM 的装配式建筑全流程应用体系

基于 BIM 平台的全专业协同设计目标是打破信息孤岛,从而促进信息传递简单高效。同时在建筑专业具有规划设计、方案设计、精细化设计、可视化渲染、交互漫游等功能,在设备专业具有灵活精确建模、管线智能连接、参数化构件、碰撞检测、暖通负荷计

算、给排水水力计算、电气照度计算等功能。基于 BIM 平台的全专业协同设计在绿建设计、专业间相互参照、专业间提资都均有运用。基于 BIM 平台的装配式建筑设计具有模数化、标准化、少规格、多组合等优点。BIM 构件库管理平台,促进标准化设计,为全产业链提供支撑,基于云服务的标准化部品部件库,具有统一的管理和服务平台。

基于 BIM 平台的装配式指挥生产管理:通过 BIM 平台实现与设计数据自动对接,实现自动化加工生产,具有 BIM 接力钢筋数控加工、构件加工与 PC 生产自动化的融合、混凝土浇筑自动化、借助构件编码体系和物联网技术实现构件可追溯性质量管理等功能。

基于 BIM 和物联网的装配式建筑施工:集成 BIM、互联网、云计算、GIS 和物联网技术的施工管理。采用 BIM 技术进行施工现场可视化管理,在预制构件运输、堆放和安装过程中,根据工程进度和现场情况动态调整各构件堆放位置。施工过程数字化管理,通过吊装、安装推演实现精确施工,提高施工效率和质量。结合基于 BIM 的构件编码体系,智能与施工进度计划无缝对接,动态模拟施工变化过程,实现施工进度的高效管理。基于 BIM 模型计算和预测所需资金、劳动力、材料、机械使用情况,最终与实际消耗成本进行对比分析,实现了项目的精细化成本管理。统一的图档资料信息管理,资料存储于企业云平台,满足了安全性要求。基于 BIM 平台的施工管理系统具有施工流水段管理、质量及安全信息管理、图档资料管理、施工进度管理(4D)、计划进度与实际进度对比、成本管理(5D)等功能。

基于 BIM 的装配式建造系统如图 2-3 所示。

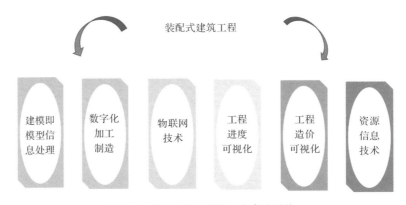

图 2-3　基于 BIM 的装配式建造系统

2.3　基于 BIM 技术的装配式建造技术选择

2.3.1　BIM＋3D 打印

BIM＋3D 打印是指通过提取复杂的预制构件 BIM 模型,结合 3D 打印技术以 360°全视角展示,提供施工人员脱离 CAD 图纸或电子设备的技术指导等。

3D 打印是快速成型技术的一种,它是一种以数字模型文件为基础,运用粉末状金属或塑料等可黏合材料,通过逐层打印的方式来构造物体的技术。3D 打印不仅可以提高材料利用率,还可以用更短的时间制造出比较复杂的产品,无须机械加工或任何模具,就能直接从计算机图形数据中生成任何形状的零件,从而极大地缩短产品的制造周期,提高生产率,降低生产成本。将这种技术应用到建筑行业就可以实现 3D 打印建筑,从而弥补预制装配式建筑的缺点。

3D 打印装配式建筑的实现还需要用到 BIM 技术。BIM 技术是以建筑工程项目的各项相关信息数据作为基础,建立起 3D 的建筑模型,通过数字信息仿真模拟建筑物所具有的真实信息。BIM 技术与 3D 打印技术的融合主要体现在施工阶段。最初在设计阶段时,可以通过 BIM 技术建立模型和图纸绘制。BIM 模型中,每个图元都包含了构件的空间尺寸、材料属性等参数,而且所有的构件之间都是相互关联的。任何一个构件的参数信息发生变化,与之相关的所有构件都会发生相应的变化,由此产生的 3D 模型相对手工制作而言更为精准;而且所有的图元构成的 3D 图更直观。从可视化的角度可以及时发现设计存在的问题并且能够完善设计方案。这样,在施工阶段通过 BIM 技术与 3D 打印机的相互配合打印出来的建筑更符合空间合理性。同时能提高建筑建造的准确度;而且只要在合理的范围内变动部分参数,就可以制造出空间不一样的建筑物,而且同样也不需要任何模板,既节省了材料和人力,又能满足不同人群的居住需求。

2.3.2　BIM 无人机

在 BIM 设计阶段,设计师需要获取设计区域周边环境的现状模型,以分析设计模型与周边环境的协调性,从而对设计方案的合理性及方案潜在风险做出评估。但出于场地的规划图纸的欠缺、时间周期较长、人力成本过高等问题,我们无法通过传统的方式来获得周边环境的信息,此时我们可以借助无人机,通过激光扫描或倾斜摄影等方式,获取周边环境的图像数据,然后将数据导入软件中,处理后软件可以输出稠密点云,或生成三维模型。此时再基于高精度的实景点云模型进行 BIM 设计,便能有效减少设计预期与实际施工不符所产生的改动成本。

在施工阶段,土方平衡调配是土地平整规划设计的一项重要内容。项目人员可以通过无人机对项目现场进行项目数据采集,形成三维点云模型,与 BIM 完成的面模型进行比对。无人机采集数据后经过土方计算,即可得到土方开挖回填的工程量,又可以通过数据优化运输距离,得出倒运放量的平衡方案。

在项目开始动工后,项目人员还可以定期使用无人机对工地实况进行数据采集,然后将采集到的数据(点云或航拍图像)与 BIM 设计进行对比,这样就可以定期监测项目的施工质量,提早发现并解决问题。

运维阶段应用主要指对已建成的建筑物的室外数据收集,无人机同样具有巨大优势。通过无人机对建筑物进行测绘,定期获取建筑物的点云数据并进行存档。技术人员可以通过这些点云数据逆向构建建筑物的 BIM 模型,用于对建筑物现状的监察、分析与维护修缮,也可对有一定历史的建筑物进行结构分析或研究。

2.3.3 BIM＋智能监测

1.传统监测方案

传统的基建安全监测方案主要依靠测量仪器，通过人工观测，分析了解安全情况。在高支模的传统监测方案中主要利用光学仪器，依靠人工每隔一定的时间监测一次高支模关键点或薄弱部分的位移或沉降情况。该方案监测间隔时间较长，且利用人工观察的方式只能了解高支模外围情况，而无法感知其内部安装状态，因此在异常处理上存在响应不及时，这样容易导致危险时作业人员难以及时安全撤离危险区域的情况。

2.基于物联网技术的监测方案

针对上述传统监测方案的不足以及施工过程中的各种风险，如何能做到及时界定，准确发现和处置，并尽量减少人工的参与，把人为的不安全因素降到最低，成为目前智慧监测方案的重点研究方向。智慧监测方案主要从以下三个方面进行解决。

（1）关键风险点相关数据的监测

各类风险点监测的关键是相关受力、位移、加速度等数据的采集。以高支模施工为例，其安全事故主要是模板支撑体系承载过大或变形过大诱发系统内钢构件失效，发生模板支撑局部坍塌或整体倾覆，造成作业人员伤亡。而在高支模施工中，由于忽视对其进行周密的技术设计和安全控制，导致支架坍塌、变形等现象时有发生。因此，应全面监测支架及模板沉降、立杆轴力、杆件倾斜等实时数据。

（2）无线数据采集和传输

目前建筑工程安全风险过程管控主要依托于传统监控、人员安全巡查等方式，通过有线连接传感器进行数据采集，无法解决在特殊场地环境下布线困难的问题。无线位移传感器、压力计等都是使用无线连接方式同数据采集仪进行连接，通过多通道数据采集仪进行数据的实时连续自动采集并外接数据传输单元模块，使用2G、3G、4G、5G、Wi-Fi、LoRa、蓝牙、ZigBee等多种网络自动进行实时上传，既解决了现场布线的烦琐，又实现了数据传输的稳定可靠，确保现场监测人员的安全。

（3）建筑信息模型数据关联

智慧基建安全监测系统搭建之前首先需要利用建筑信息模型（BIM）建模，通过现场勘查，确定高支模的监测位置，用准确的数据修正模型。利用BIM进行有限元分析，计算出高支模搭建中最为不利的位置。监测人员在最不利的危险点的位置上布置自动化监测装置，实时收集高支模模板沉降、支架变形和立杆轴力等相关节点的数据，对节点数据进行持续观测和分析。系统将数据传感器与BIM进行关联，由于在BIM中具有现场的三维几何信息，因此监测平台将两者关联显示，能够实时、动态、立体地展示出各监测点的状态信息，一旦现场的某一传感器监测值超出预警阈值，平台里BIM对应部位上就会显示预警提示。这样通过大数据的输入，使BIM数据可实现实时更新、实时监控，从而更直观地进行预警提示。一些研究表明，传统监测方案与基于物联网技术的监测方案的响应速度由半个小时提高到了毫秒级且监测是实时的。可见，基于物联网的智慧监测方案采用了自动化的监测方式，扩大了系统监测内容，提高了监测频率，大大缩短了异常响应时间,能够显著提高施工现场的安全监测及预警水平。

基于物联网监控系统的整体结构(见图 2-4)自上而下分为五层:应用层、平台层、网络层、感知层、感知对象层。这种分层式的体系模式是物联网架构中常见的一种,有利于各个信息结点间的组网,有利于大规模的数据处理,也有利于网络结点间的数据交换。

图 2-4　基于物联网监控系统的整体结构

应用层通过个人电脑或移动端手机应用软件显示数据分析结果,用户查看数据和操作数据都是在应用层完成的,放在同一层使得监测结果一目了然;平台层是本系统中的核心层,向上为应用层提供支撑,向下对接网络层传输的数据,核心的业务逻辑都在平台层中处理,平台层专门负责数据的存储、计算和分析;网络层为平台层提供可靠的数据支撑,这里管理着数据的传输,包括有线传输和无线传输两种方式,涵盖不同的通信协议;感知层则是包含所有的传感器,属于基础设施层,每个传感器是系统中的基础,它们简单处理和采集施工现场脚手架、高支模或深基坑支挡等的位移、应力、轴力和倾角等相关数据,是整个智能监控系统的基本单元;感知对象层是智能监控系统需要监测的对象和变量,也是对物联网中的"物"概念的整合,在感知对象层中包含了大部分要监测的对象。

高支模监测针对高支模施工,根据其施工结构特点和实际使用情况,监测支架及模板沉降、立杆轴力、杆件倾斜等实时信息,并根据分析的数据判断当前情况以及预估未来一段时间内的沉降和位移,为风险预警提供参考。结合物联网和无线传输技术,开发高支模关键风险点监测管理平台,实现风险作业期间关键风险点的实时预警。

3.智慧监测系统开发流程

(1)搭建信息化数字模型

使用 BIM 软件建立高支模和深基坑的模型,设计杆件的相关参数,如编码、厂家、力学属性、材料、库存、价格等;设计预制构件的关键参数,如出厂时间、尺寸、材料、力学属性、编码等。通过高精度的信息化模型,结合有限元分析可以计算出高支模或深基坑搭建中最为不利的位置,然后利用模型的有限元分析结果,在最不利的危险点位置布置监测点。

(2)监测点布置及数据采集

根据有限元计算结果确定监测点之后,施工方现场布设传感器,对施工过程中的主要受力部位进行应力监测及位移监测,将监测结果与有限元分析进行对比,验证施工方案的安全性。

(3)监测平台实时监控及预警

通过无线模块,传感器数据周期性地自动传输至局域网,监测平台接收传感器采集的数据,对结点数据进行持续观测和分析。将数据传感器与模型进行关联,监测平台可以实时显示各监测点的状态信息,一旦超出预警阈值,平台会进行报警,向预警推送人发送警告短消息,负责人可以快速、简单地查看当前传感器的数据和现场的支架支撑情况。

智慧基建安全监测系统采用自动化监测装置,实时收集高支模模板沉降、支架变形和立杆轴力等相关数据。其整体工作流程如图2-5所示。

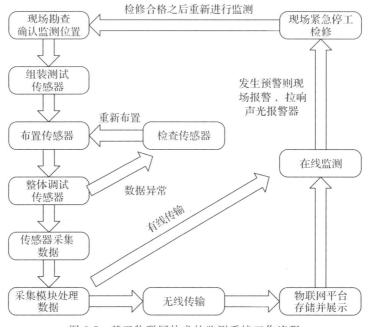

图 2-5 基于物联网技术的监测系统工作流程

首先需要通过模型及现场勘查,确定高支模或深基坑的监测位置;在监测点确认之后,调试并安装传感器;然后传感器将采集的数据送入数据采集模块中进行处理分析。如果分析结果正常,该结果通过无线传输至物联网平台进行储存,以便后续查验。一旦分析结果不正常,则数据处理系统认为此时高支模或基坑支挡体系可能存在危险,异常数据则直接送入在线监测平台,平台判断该分析结果可能是危险发生信号时,报警系统则自动发生预警并拉响声光报警器。此时,施工单位即可在现场紧急停工检修,待检修合格之后重新进行检测并开工。

通过设计基于物联网的基建安全智能监测及预警BIM体系,利用物联网和无线传输技术实现对高支模或深基坑支护重大危险点的实时监测,从技术上真正起到了降低事故发生率和减轻损失的作用。同时形成基建涉及临时支撑监测风险作业面的实时感知、及时传输、智能识别和分析预警的整体解决方案,达到有效推动建筑监测物联网概念和工程基建工作有效融合的目标。

2.3.4 BIM＋VR(虚拟现实)

随着近年来工程项目的复杂度提高,传统的二维设计愈发难以满足现阶段的设计需要,因此,三维设计模式逐渐进入设计者的眼帘。从2008年基于BIM的三维模式的推广与应用,到建筑设计和VR技术,在2016年再一次被推向热门话题,使实时可视化和VR作为数字化工具慢慢打开了建筑整体设计交流工具的新可能性。

将BIM融入VR技术运用到建筑施工的互动中,让BIM模型通过VR技术更具构想性和可视性,并让 VR 技术因 BIM 模型的大数据库更精准、更具有活力,显得更加真实实用,让体验者进一步意识到与单独的 BIM 技术和 VR 技术相比,BIM 融入 VR 技术更具有创新性和完整性;BIM 融入 VR 技术使得数据不再古板,让抽象的混凝土变得具体,实现用户与设计者的思想交流与碰撞,激发了设计者对 BIM 融入 VR 技术的创新和想象力。以改进现有建筑施工仿真为例,建立 BIM 模型后,模拟建筑施工现场,使用者可以通过设备的操作和佩戴 VR 眼镜,对设计模型进行现场模拟施工。VR 的漫游体验和实时渲染为 BIM 模型的建设减少了不必要的施工流程和经费,提高了建筑设计的精准性。

1.BIM 融入 VR 技术

(1)BIM 构建模型

组织建筑、结构、MEP 各专业建模人员,确定模型级别,采用 Revit 三维建模软件,各专业建模人员协同工作进行 BIM 模型的联合创建。首先,收集各项工程施工设计图,将其 CAD 版本的设计图纸导入 Revit 平台。在导入过程中,需分专业创建工作集及中心文件夹,将各方面的专业信息模型进行最终整合后,上传至 Fuzor 管理平台进行校准总结。其次,模型建立后,需要利用碰撞检查等方法检测,通过碰撞检测提前分析出建筑结构可能出现的问题,及早发现建筑结构上的问题,可以为项目提供精细化实施方案。

在整个 BIM 构建模型的过程中需要融合各专业的 BIM 模型,同时要进行前期优化,将建筑、结构、现场场地布置模型、安全文明施工设施模型、绿化模型等全部放入一个场景,完成 BIM 模型的构建。

(2)BIM 融入 VR 技术

将一个完整的 BIM 模型协同完成之后,通过软件将 BIM 模型导出成 Fuzor 格式,模型自动在 Fuzor 软件中生成。通过计算机程序操作,把运算后的电脑画面通过软件转化成 VR 画面投射到手机上或电脑上,施工人员可以借助 VR 可穿戴设备进行观看,实现在虚拟现实状态下进行 VR 漫游行走,有助于施工人员充分地了解设计者的设计思路,也便于指导施工人员现场施工,避免出现图纸与实际出现较大的误差,影响建筑工程的使用。

2.BIM 融入 VR 技术在施工阶段的应用

以 3D 数字信息技术为基础将 BIM 融入 VR 技术,所设计的模型既展现出施工项目的实体情况,同时也反映出建筑材料在实际施工过程中可能遇到的困难。通过三维建模控制工程成本,调整项目施工的过程,以解决建筑结构复杂的现状。将建筑现场设施和实际状况,用 BIM 技术以数据的形式附加到建筑模型中,采用 VR 技术建立视觉效果,使得三维的现场平面布置展现在设计者的施工者的眼前,实现现场实际布置情景。并按照进度安排,可以直观地模拟施工现场情况。利用 BIM 技术将桩基础模拟成三维立体状态,更加直接明朗地表达设计方案。安装模板脚手架支护时,利用三维建模可以直接地观察模板空间位置。在施工之前的每个工序,采用 BIM 融入 VR 技术虚拟地展示各施工工艺,尤其对一些复杂节点的展示更加直接客观,可以让各专业人员充分了解建筑工程中各管线的走线方式,减少了各个专业之间的理解偏差和个人主观因素造成的误解,使各专业部门之间的交流更加和谐高效。

3.BIM 融入 VR 技术在精装修阶段的应用

在建筑的精装修设计中,首先用互联网的形式,通过 Revit 在模型中添加材质,将各种材质的数据效果进行对比,选择不同的装修方式对房间进行装修,详细记录精装修后的户型构造。与此同时,打开 PlayStation VR,在正常显示的情况下,通过 Revit 在模型中添加材质并载入 VR 设备中,将 VR 设备显示效果转换成精装修方案,可以进行多种材质的导入,也可以在 VR 设备中转换装修风格,以此达到户主满意的效果。佩戴设备进入 VR 虚拟空间里面,可以通过交互显示设计效果,在空间里面进行漫游观赏,这样能够真正实现在未来几个月后才能看到的装修效果。

2.3.5　BIM＋RFID(射频识别)

利用 RID 芯片关联 BIM 数据模型与预制构件的生产,并应用于构件的制作、运输、入场、存储、吊装施工等方面,实现构件生产集约化管理,建立 BIM 技术应用的装配式建筑工程管理模式。

当前,建筑行业发展迅速,但在工程项目管理方面还存在一些不足,管理缺陷比较常见,主要体现在监督管理、安全管理、资源配置等方面。BIM 技术是一种新兴技术,通过构建建筑工程三维立体框架,有利于优化施工方案,并对各项施工环节进行有效管理,进而提升项目管理水平。因此,亟须对 BIM 技术在工程项目集成化管理中的应用进行深入研究。

1.集成化管理

建筑工程施工环节比较多,在集成化管理过程中,要求将单独个体以及与其有联系的管理内容进行有效整合,找出共同点,妥善解决各个独立管理内容之间的差异,对各项管理内容进行科学合理的安排。在建筑工程施工中应用集成化管理模式,可避免各个管理项目之间没有沟通交流、管理内容不明确等问题,提升项目管理水平。

2.BIM 技术在建筑工程项目集成管理中的应用特点

(1)过程可视化

通过应用 BIM 技术生成建筑模型,在模型中,各项施工操作均具有可视化特征。通过模拟三维动态效果,可有效展示出整个项目建设过程及建设效果。

(2)协调性优良

在建筑施工中,如果项目工作参数不匹配,就会影响工程结构效果。对此,可采用 BIM 技术,明确管理内容,便于制定施工方案,妥善协调好各个施工管理内容之间的关系,提升协调性。

(3)模拟性强

在 BIM 技术的应用中,可构建建筑工程三维模型,在加入时间维度后,即可构建出四维模型,根据施工计划即可有效掌控施工进度,将具体的施工内容进行有效联系,以此来提升工程协调性。根据建筑工程思维模型制定施工方案,可合理安排施工人员、施工设备、施工材料等,减少资源浪费,保证在工期要求时限内完成项目建设。

3.基于 BIM 的建筑工程项目集成管理框架

对于建筑工程项目建设全生命周期,可采用 BIM 技术进行集成化管理,在全过程控制目标的引导作用下,可以将相互独立的、分离的投资决策和建设内容等进行统筹利用,综合考虑工程项目施工质量、施工进度、施工安全、造价等因素,对建筑工程施工管理中的理论知识及管理方法进行优化,保证建筑工程施工的顺利进行。在建筑工程集成化管理框架的构建中,应注意以下几点:①在对建筑工程项目进行集成化管理时,可采用 BIM 技术构建施工全过程数据平台,通过采用集成化管理模式,充分参考 BIM 数据,有利于对建筑工程项目进行集成化管理。②在建筑工程项目管理中,都应采用集成化管理模式,在整个项目建设中,具体的管理内容包括原材料控制、项目施工管理、进度管理、环境因素管理等。只有将各项管理要素进行有效整合,并坚持核心管理理念的引导,才能够实现集成化管理目标。③在应用 BIM 技术对建筑工程项目进行集成化管理时,要求构建 BIM 平台,并充分发挥其共享性特征,促进项目建设中各个参与者的沟通交流,树立全局意识,明确各项管理内容。

4.基于 BIM 的建筑工程项目集成管理模式

(1)建立组织结构

在基于 BIM 技术的建筑工程项目组织结构的构建过程中,应以业主为主导,将项目对要素进行集成管理,组织各个参与方进行集成管理,同时将项目建设中的各项信息数据进行集成管理。建筑工程参与方可以通过应用先进的网络技术、信息管理技术等,对 BIM 信息模型进行信息交流,实现数据共享。BIM 中心的项目经理可以作为业主代表,妥善协调好各个主体之间的沟通交流,提升项目决策的科学性,同时,充分利用 BIM 信息协同工作平台的指导作用,确保项目参与方能够协同管理,提高建筑工程管理工作水平和管理效率。基于 BIM 的工程项目组织结构如图 2-6 所示。

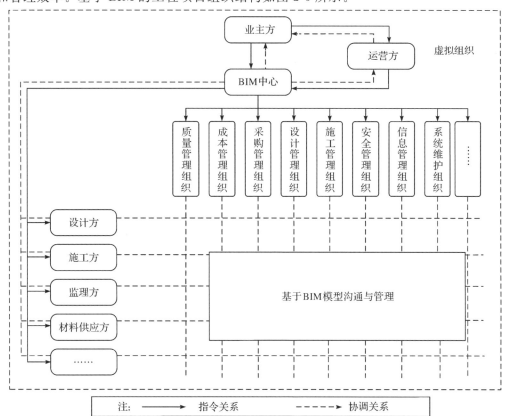

图 2-6 基于 BIM 的工程项目组织结构

上述组织结构的基础是矩阵组织结构,其是对于矩阵组织结构的创新。在建筑工程决策阶段及施工阶段,BIM中心可以接收到来自于业主方的指令,而在项目运营阶段,则可以接收到来自于运营方的指令。与传统的建筑工程管理组织结构不同的是,在BIM中心的应用中,业主是最高指挥,但是其对于建筑工程不能进行直接管理,要求通过BIM中心,对项目建设参与方以及职能部门进行管理,业主方是项目最高代表,而BIM中心则是项目最高决策部门。通过应用BIM中心,可以妥善协调好各个参建专业之间的关系。

在BIM中心的实际应用中,需要将业主的实际需求作为导向,明确建筑工程集成化管理的目标,在项目建设全过程中应用动态控制措施。另外,还需要明确项目建设集成化管理工作目标,具体包括安全管理、信息管理、成本管理等。在对各项管理目标进行分析的基础上,即可进行施工组织设计,并优化施工流程,对项目建设中各个部门工作人员的管理职能进行合理分工。从项目建设全过程角度出发,对项目建设中各个参与方所提出的问题进行评估分析,有利于做出科学合理的决策方案。

(2)组织内部职能分工

在管理组织结构建立完成后,应根据各个管理主体的特点,合理设置建筑工程质量管理部门、施工进度管理部门、安全管理部门等,同时,配备施工技术人员以及管理人员,明确各个工作人员的管理职责。在基于BIM技术的集成化管理模式中,职责体系是由业主方、BIM中心、施工方、监理方等多方组成的,其中,BIM中心至关重要,可以作为建筑工程管理组织结构中的决策机构,要求以业主的实际需要为目标,确保各个参建方信息共享,进而提升各参建方之间的了解度和信任度,保证工程项目运作的高效性。

(3)激励机制

①项目部奖金分配标准

在项目建设中,对于超额完成项目建设任务的施工人员,应发放奖金进行奖励,可根据超额完成部分的利润和一定比例提取,在经过集团公司审核后发放。在此过程中,BIM中心项目经理应该予以高度认可,并积极参与奖励发放中,提升施工人员的工作积极性,更快更好地完成工程项目建设内容。

②项目部绩效考核标准

根据建筑工程建设合同中的内容,BIM中心应对各项管理目标进行准确设定,在确定项目管理绩效考核指标的基础上,与公司签订项目管理责任书。在建筑工程项目建设完成后,公司绩效考核部门需要对管理目标的完成情况进行检查和考核,然后将考核结果上报公司,由公司予以适当奖励。

综上所述,本节主要对BIM技术在建筑工程集成化管理中的应用方式进行了详细探究。通过应用BIM技术采集数据,构建建筑工程管理平台,可以明确掌握施工参数,妥善协调好各个参建方的关系,根据项目管理目标进行成本管理、质量控制、工期控制等,可保证项目建设的顺利进行,充分发挥建筑工程集成化管理的应用优势。

第3章　施工组织技术方案

知识目标

了解施工组织技术方案,并熟悉掌握平面布置方案、吊装方案、支撑与模板方案及防护方案,了解应用BIM技术对施工组织技术的优势。

能力目标

能够运用BIM技术进行装配式建筑施工平面布置、脚手架和模板布置。

思政目标

培养学生精益求精的大国工匠精神,激发学生不畏艰辛、勇于追求卓越的专业精神,充分了解该行业,树立终身学习意识。

本章思维导图

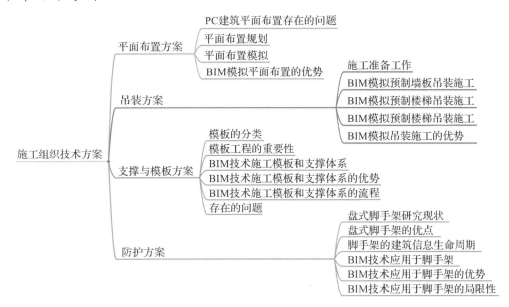

3.1 平面布置方案

3.1.1 PC建筑平面布置存在的问题

1.构件存放平面布置不合理

传统平面布置中,由于项目体量大,预制构件数量多,安排进场的预制构件型号和数量管理不足,构件功能分区不规范,导致堆场杂乱无章,现场场地空间不足,物资分配码放控制不足,构件无处存放,如图3-1所示。

图3-1 堆场分区不规范、施工场地杂

原则上墙板采用竖向方式存放,梁构件采用竖放,楼面板、屋顶板和柱构件采用平方或竖放均可,如图3-2所示。

(a) 构件平放存储

(b) 构件竖向存储

图3-2 构件存放方式

(1)平放的注意事项

①在水平地基上并列放置2根木材或钢材制作的垫木,放上构件后可在上面放置同

样的垫木,一般不超过 6 层。

②垫木上下对齐。

(2)竖放的注意事项

①地面需压实,并铺上混凝土等,铺设路面要整修为粗糙面,防止脚手架滑动。

②使用脚手架搭台时,需要固定构件两端。

③保持构件成一定角度,且稳定。

④柱和梁等立体构件要根据各自形状和配筋选择合适的储存方式。

2.塔吊布置不能满足作业要求

PC 建筑主体施工以构件为核心,而构件施工主要依赖于塔吊工作,塔吊在施工阶段吊装过程中起着至关重要的作用,传统 PC 建筑施工塔吊吊装布置编制专项方案,可预见性不强,出现塔吊工作面不够,导致后期二次搬运,窝工现象时常发生。塔吊布置不合理会出现工作面交叉、打架现象,造成人力、物力、财力的浪费,严重者甚至带来安全问题。

3.现场道路不符合运输要求

PC 建筑施工中预制 PC 构件运输也是主要环节之一。预制构件需要从工厂运输到施工现场进行装配,对道路要求严格。道路太窄(见图3-3),不能满足运输要求,引起构件二次搬运,造成人工、时间、成本浪费,可能因此带来窝工情况;道路太宽造成场地空间浪费;道路拐弯半径设置不合理,运输车量不合理控制运输速度时,造成构件损坏。

图 3-3　施工现场运输道路窄

3.1.2　平面布置规划

施工场地的布置要以施工现场的实际情况为基础进行设计,要合理利用一切可利用的空间,以满足不同阶段的施工要求。施工现场分为施工区、办公区、生活区,各区域间保持相对独立,同时要考虑施工通道的布置、现场临时水电的布置、安全警示语、材料的堆放、器械的摆放等。

施工区平面布置要确定垂直运输机械、搅拌站、仓库、材料、构件堆场以及加工厂的位置,与传统的平面布置不同的是,在装配式建筑中主要是以吊装为主,只有现浇叠合层以及节点部位需要进行混凝土浇筑。现场布置主要是考虑构件的堆放问题,防止运输吊装时出现碰撞等事故。因此需要遵循以下布置原则:

(1)科学规划场地道路、合理布置场地设施,使道路与设施发挥最大作用;

(2)合理布置现场作业区域与塔吊位置,避免施工时不同专业出现交错;

(3)合理布置材料堆放位置,保证吊装效率;

(4)各项施工布置都要满足"有利于施工、方便生活、安全防火和环境保护"要求。

3.1.3 平面布置模拟

合理布置起重设备和各项施工设施,科学规划施工道路以及划分堆场,减少专业工种之间交叉作业和二次搬运等,对项目的顺利运行有着重要的作用。BIM 作为一种先进的管理方式,符合建筑业的发展趋势。使用 BIM 技术进行场地平面布置管理,能够更好地提高项目的生产效率,降低成本。

通过 BIM 技术的运用,结合 Revit、Navisworks 对平面布置进行模拟,如针对办公区、施工区、生活区以及备料区进行布设及优化,防止现场构件二次搬运的情况发生。就装配式建筑施工而言,塔吊属于其中的关键,在布置施工区时,可布置塔位置,并通过诸多方案的对比,予以优化。BIM 技术优化施工平面布置的流程如图 3-4 所示。在软件中,可于三维视图下对场地布设进行查看,使施工区变得更为直观,并能够及时地对不恰当之处加以改正,便于优化平面布置(见图 3-5 至图 3-7)。

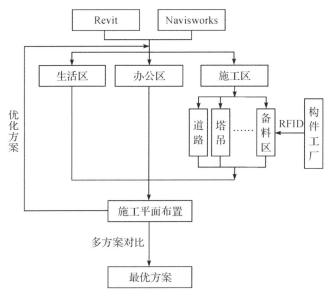

图 3-4 BIM 技术优化施工平面布置的流程

图 3-5 优化后的 5#楼平面布置

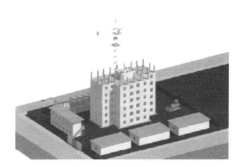

图 3-6 Revit 模拟施工现场平面布置

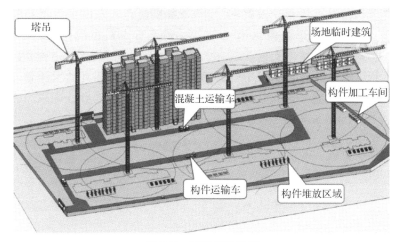

图 3-7　三维布置模拟

3.1.4　BIM 模拟平面布置的优势

　　针对装配式建筑的施工平面布置是装配式项目施工阶段的关键内容,相对传统施工,预制构件的存放、运输、吊装均需考虑专用的运输路线、存放场地和吊装设备。运用BIM 技术可完善施工平面布置,让施工过程中的场地最大化利用,避免了因场地不足造成的窝工现象。与同等规模的装配式建筑项目相比较,在施工平面布置中引入 BIM 技术前后对比如表 3-1 所示。

表 3-1　在施工平面布置中引入 BIM 技术前后对比

对比项目	未引入 BIM 技术	引入 BIM 技术后
现场功能分区	分区不规范、施工场地杂乱	分区明确
构件堆放	场地空间不足、二次搬运	规划合理
运输路线	道路偏窄、容易堵塞	行驶畅通
塔吊布置	吊重不够、覆盖面不全	满足吊装需求

3.2　吊装方案

3.2.1　施工准备工作

1.吊装准备工作

吊装准备工作如表 3-2 所示。

表 3-2　吊装准备工作

人员要求	①装配操作人员必须经过三级安全教育并经过上岗培训和体检合格 ②起重机操作人员、信号工、司索工等特种作业人员须持有作业资格证
机械选择	①满足最不利吊装位置构件起吊重量 ②满足塔吊半径覆盖最重构件要求
预制构件	预制外墙板、预制内墙板、预制叠合楼板、预制楼梯、叠合梁
工具准备	钢梁、斜支撑、钢筋定位板、连接件、梁托、缆风绳
工作准备	作业人员技术交底、吊装区域设置警示标志、复合控制线、确认吊装构件编号

2.吊装过程

预制构件的吊装过程如图 3-8 所示。

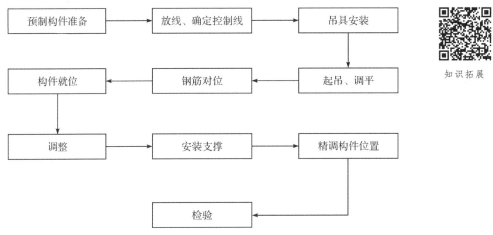

知识拓展

图 3-8 预制构件的吊装过程

3.验收工作

预制构件吊装就位后,应对预制构件位置与轴线位置,构件标高,构件垂直度、倾斜度等进行检查。如表 3-3 所示为预制构件吊装验收标准。

表 3-3　为预制构件吊装验收标准

构件	搁置长度 （允许误差）/mm	构件中心线 对轴线位置/mm	构件标高/mm	构件垂直度	相邻构件 平整度/mm
梁	±10	±5	±5(底面)	/	抹灰 5 不抹灰 3 外露 5 不外露
板	±10	±5	±5(底面)	/	
墙	/	10	3	5mm,5 ≥5m 且≤10m, 10≥10m,20	
柱	/	10	3		

3.2.2 BIM 模拟预制墙板吊装施工

1. 吊装施工过程及技术要点

（1）外墙吊装

①在地面放好控制线和施工线，用于预制板定位，吊装人员将安全带固定在可靠位置，拆除需吊装预制外墙板处的安全维护措施，清扫预制墙板吊装区域地面。

②检查预制墙板的轴线、型号是否正确，然后根据编号及吊装顺序依次进行吊装，同时清扫预制墙板底部的粉尘等异物。

③吊装预制外墙板。预制外墙板吊装采用两点起吊，使用专用吊具配合施工，从堆场起吊时，轻起、快吊、慢落；注意，吊装外墙时，吊装一块，拆除一块安全围挡，安装一块预制墙板。

④预制板轻落至楼地面 5~10cm 时，缓慢调节至地面，对预制外墙板的位置进行精调，安装底部限位和固定装置，吊装外墙板时禁止用脚推移。

⑤安装斜撑。安装斜撑应采用"先上后下"对拉连接件，斜撑不应少于两根，将预制外墙板调整至垂直，在预制板竖向缝处粘贴防水胶带，依次固定横向连接片。

⑥检验预制板安装的垂直度。

（2）内墙吊装

①用水准仪测量底部水平，在预制内墙板吊装位置下放置垫片。

②预制内墙板采用两点吊装，吊装前在预制墙上装好斜撑杆用的吊环，预制板落下时将有预留孔的一面对准预埋件一侧，落地缓慢均速，内墙板上的预留连接孔与地面预留钢筋对齐。

③预制内墙板放平后，安装临时支撑，斜撑不应少于两根，使预制内墙板垂直，调整预制板位置与控制线平齐。

④安装底部限位，安装底部 L 形连接件，安装套筒钢板，用高强螺丝拧紧。

⑤检验验收。

⑥用注浆机密实灌浆孔，封闭安装孔。

2. 预制墙吊装施工模拟

在现场进行预制墙板吊装时，容易发现一些问题：预留插进位置偏差大，预留插筋高度不准确，预留插筋遗漏，墙板吊装轴线偏差大，预制墙板安装标高偏差大等，如表 3-4 所示为影响预制墙板吊装施工质量调查统计。从表中可以分析产生问题的原因大致分为两种：一是，在施工现场，构件吊装顺序安排不合理，在吊装过程中会因为墙板的碰撞造成墙板位置的改变；二是，操作工人的质量意识较差，不能完全理解施工工艺的要点，在操作中出现失误。

表 3-4　影响预制墙板吊装施工质量调查统计

序号	缺陷名称	频数/点	频数/点	累计频率/%
1	预制墙板吊装轴线偏差大	42	41.50	41.50
2	预制墙板吊装垂直偏差大	32	31.29	73.44
3	预制墙板吊装垂直偏差大	28	26.56	100
合　计		102	99.35	

进行吊装模拟可以优化墙板之间的吊装顺序。通过施工模拟可以将施工工艺及施工要点简单、详细地展示给操作工人,这样可以提高工人的工作效率。

对预制墙板吊装模拟:采用 Revit 软件对模型进行拼装,完成后将导出的 dwf 文件导入 Navisworks 中,开始制作施工模拟动画。

(1)选取要吊装的墙板,创建相应集合,如图 3-9 所示,为预制外墙创建集合。

(2)采用 Animator 创建场景,以选中的集合为基本单位创作动画集。

(3)以构件起点的位置为开始关键帧,开始起吊构件,如图 3-10 所示为外墙起吊。在构件吊装的关键位置捕捉关键帧,形成吊装路线,如图 3-11 所示为捕捉的关键帧。

(4)根据吊装路线,将预制外墙板吊装就位,按照施工工艺要求,在距板 1m 时,缓慢下降,如图 3-12 所示,注意连接钢筋与外墙板下放孔洞是否对齐,对准后将预制外墙缓慢下降直至完全就位,如图 3-13 所示为板内部套筒构造,图(a)为灌浆孔表面,图(b)为灌浆孔内部结构。

(5)为斜支撑与 L 形连接片分别创建动画集,以板就位的时间点为斜支撑出现的起点制作动画,如图 3-14 和图 3-15 所示。

(6)选择下一块外墙,重复以上顺序,便可完成吊装,如图 3-16 所示。

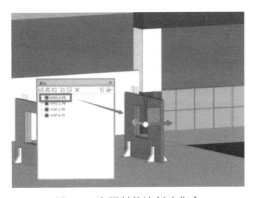

图 3-9　为预制外墙创建集合

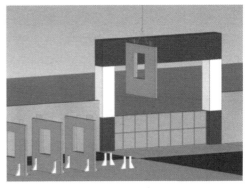

图 3-10　外墙起吊

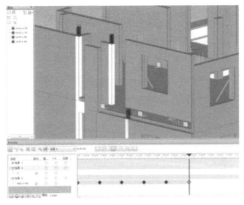

图 3-11　捕捉的关键帧

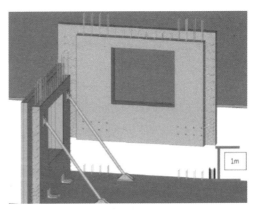

图 3-12　外墙板距板 1m

(a) 灌浆孔表面

(b) 灌浆孔内部结构

图 3-13   板内部套筒构造

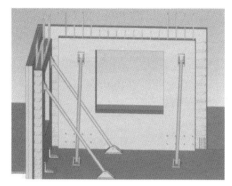
图 3-14   安装斜支撑

图 3-15   安装 L 形连接片

图 3-16   外墙板吊装完成

3.2.3   BIM 模拟预制叠合梁吊装施工

1.叠合梁吊装过程及技术要点

(1)测量柱顶与梁底标高误差,绘制控制线。

(2)梁底安装可调节高度的钢立杆支撑,调节梁的高度。

（3）起吊时吊索与梁之间的角度≥60°,起吊时,轻起快吊。

（4）起吊梁必须严格按照设计路线吊运。

（5）就位后根据控制线精确调整梁的位置。

（6）检查梁的吊装位置是否正确,吊装时要按柱对称吊装。

2.预制梁吊装模拟

在现场进行预制梁吊装的时候,一般是按照平法标注的图纸进行指导,但由于部分现场操作人员文化水平较低,识图能力不足,在对照图纸施工时可能会出现各种问题。而采用BIM技术可以进行三维展示,即通过施工动画模拟将施工过程形象地展示给操作人员,便于他们施工,减少失误。

将预制梁吊装过程在Navisworks中制作施工动画。如图 3-17 所示为安装梁独立支撑,图 3-18 所示为创建预制叠合梁集合,图 3-19 所示为预制叠合梁起吊,图 3-20 所示为叠合梁构件吊运、落位,图 3-21 所示为校核叠合梁位置。

图 3-17　安装梁独立支撑

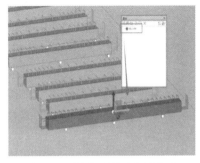
图 3-18　创建预制叠合梁集合

图 3-19　预制叠合梁起吊

图 3-20　叠合梁构件吊运、落位

图 3-21　校核叠合梁位置

3.2.4　BIM 模拟预制叠合板施工

1.叠合板施工过程及技术要点

（1）用水平尺检查在排架上的方木是否与边模平齐,模板边粘贴双面胶防止漏浆。

（2）叠合板吊装采用四点起吊,吊装时使用小卸扣链接叠合板上预埋吊环,起吊时检查叠合板是否平衡,在叠合板吊装至吊装面时,抓住叠合板桁架钢筋固定叠合板,叠合板根据梁模板、墙模板定位,如图 3-22 所示为叠合板吊装。

（3）将叠合板吊装至吊装面 1.5m 时,抓住叠合板桁架钢筋轻轻下落,在高度 10cm 时参照模板边缘校准下落。

（4）调整叠合板位置,拆除吊具,如图 3-23 所示为安装完成的叠合板。

图 3-22　叠合板吊装　　　　　　　　图 3-23　安装完成的叠合板

2.预制叠合板吊装施工模拟

在施工现场,由于场地及周边道路的限制,构件堆放和塔吊的安置比较紧密,在吊装时叠合板的重心不稳,易造成偏心现象,在就位时无法准确对准控制线;在完成第一块叠合板吊装后,进行第二块吊装时,由于吊装路线安排不合理,可能造成第二块叠合板与第一块叠合板碰撞等问题。采用 BIM 技术,在叠合板吊装前根据施工现场的限制条件对叠合板的吊装进行一次模拟,可以避免碰撞问题的发生。以下是通过软件对叠合板吊装顺序及吊装过程进行模拟。

在 Revit 中将模型、三脚架及木枕等拼装起来,并将导出的 dwf 文件导入 Navisworks 中,然后进行动画制作。叠合板吊装模拟过程如下:

（1）采用集合管理命令,对预制叠合板及其他辅助工具创建集合。

（2）采用 Animator 创建场景,对创建的集合制作动画集。

（3）以构件起点的位置为开始关键帧,开始起吊构件,如图 3-24 所示为预制叠合板起吊,在构件吊装的关键位置捕捉关键帧,形成吊装路线。

（4）根据吊装方案,在板下放安装三脚架及垫块(见图 3-25);按照施工工艺在距吊装位置 1.5m 时,调整板的位置(见图 3-26);然后缓慢下落,精调叠合板位置,直至叠合板就位(见图 3-27)。

（5）按照施工方案,重复吊装过程,直至吊装完成(见图 3-28)。

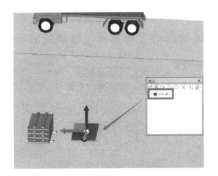

图 3-24　预制叠合板起吊

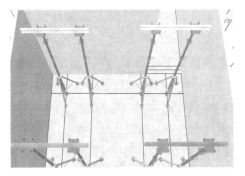

图 3-25　安装三脚架及垫块

图 3-26　调整板的位置

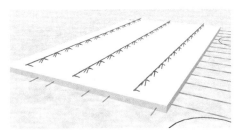

图 3-27　叠合板就位

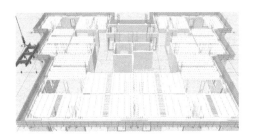

图 3-28　按顺序吊装整层叠合板

3.2.5　BIM 模拟预制楼梯吊装施工

1.预制楼梯施工过程及技术要点

（1）吊装前根据预制楼梯梯段的高度,测量楼梯梁现浇面是否水平,根据测量结果放置不同厚度的垫片 4 块。

（2）楼梯吊装采用四点起吊,使用专用吊环与预制楼梯上预埋的接驳器连接,使用钢扁担吊装、钢丝绳和吊环配合楼梯吊装。

（3）吊装楼梯至吊装面高度 1.5m 时,上下两端固定楼梯吊装钢丝绳,使楼梯缓缓落在控制线内。

（4）调节预制楼梯平衡、楼梯位置。

（5）检测楼梯水平和相邻梯段的水平。

2.预制楼梯吊装施工模拟

预制楼梯的安装过程采用塔吊进行吊装。在施工时装配式建筑的专用术语不易被现场工人理解，严重阻碍了吊装工作的顺利完成。比如，在吊装时出现楼梯支座接触不实或者搭接长度不够，吊装完成后，操作工人未能及时灌浆导致楼梯断裂等诸多问题。

采用 BIM 技术制作的施工动画，具有很好的传达指导意义。以下是对该项目楼梯的吊装过程模拟，如图 3-29 至图 3-36 所示。

图 3-29　找平

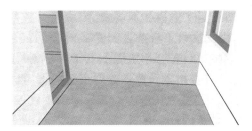

图 3-30　放线

图 3-31　吊装楼梯

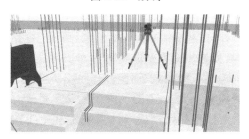

图 3-32　确认标高

图 3-33　上部铰端固定

图 3-34　缝隙填充

图 3-35　下部铰端固定

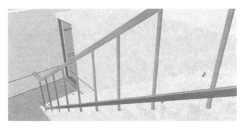

图 3-36　护栏安装，其他梯段吊装

3.2.6　BIM模拟吊装施工的优势

在传统 PC 建筑吊装施工过程中可能出现设计构件不符合安装要求导致构件返厂、吊装流程不合理造成工期拖延、安装就位时支撑不到位等一系列问题,而 BIM 技术则可以较好地解决上述问题。

(1)通过 BIM 技术对吊装前进行预拼装,预先判断现场可能出现的钢筋碰撞以及由于施工方案、工序、吊装流程不合理导致返工带来的工期拖延。

(2)通过 BIM 优化吊装方案,确定吊装顺序,指导现场施工,这样不仅能节约成本,还能缩短工期。

3.3　支撑与模板方案

3.3.1　模板的分类

模板依材料性质的不同可分为木模板、钢模板、塑料模板、其他模板。

(1)木模板:板面平整光滑,可锯、可钻,耐低温,有利于冬季施工;拆装方便、操作简单、工程进展速度快。不过由于材质的限制,周转次数如果超过 4 次就容易发生翘曲,重新拼装时板缝隙难于处理,厚度公差不易掌握,容易导致建筑尺寸偏差。

(2)钢模板:国内使用的钢模板大致分为两类,一类是小块钢模,一类是用于墙体支模的大模板。钢模板部件强度大,板块制作精度高,拼缝严密,不易变形,整体性好;不过由于钢材质导致板块重量大,需要大型起重机械,成本高。

(3)塑料模板:是随着钢筋混凝土预应力现浇密肋楼盖而出现的,形如一个大方盆,支模时倒扣在支架上,底面朝上。其优点是拆模快,易于周转,不过只能用于钢筋混凝土结构施工之中。

(4)其他模板:近年来随着模板工程的迅速发展涌现出一些其他材质的模板,如玻璃钢模板、压型钢模板、铝合金模板等。

3.3.2　模板工程的重要性

在建筑项目中,模板及支撑体系作为钢筋混凝土结构的施工工具,从工程开始到竣工结束一直都起到很重要的作用。模板工程的重要性主要体现在以下三个方面:

1.在经济性上

模板工程在混凝土结构工程中,用工量占了总用工量的 $30\%\sim40\%$,工期大约占了总工期的 50%,费用占了总体费用的 $20\%\sim30\%$。

2.在施工技术上

多数的难度大的高大型工程技术难点都主要集中在混凝土结构上,混凝土工程结构的主要技术难点又集中于模板工程。因此,能否科学合理地解决模板工程的设计施工问题是提升工程质量的关键。

3.在工程质量上

模板工程的施工质量会直接影响混凝土工程质量,如在清水混凝土工程当中必须要选择高质量的模板。

从上述三点可看出,模板工程是整个工程项目中的重要组成部分,因此促进模板工程各项技术的进步是降低工程成本、加快施工进度、保障施工质量的重要途径。

传统模板工程的设计和应用在工程中有很多弊端,现场施工过程中,易出现随意拼装、模板随意切割、材料大量浪费等现象,并会出现方案展示不直观、材料采购靠估算、过多搭设浪费严重、结算少依据等现象。而利用 BIM 技术可以改善以上现象。

3.3.3　BIM 技术施工模板和支撑体系的模拟

依靠传统技术的经验进行施工将会导致一定的人为或技术上的问题,如不少的施工单位为了节省成本,没有做好相应的数据调查;管理者和技术员对安全预防措施和专业技术的欠缺;没有对整体设计进行刚度测试,从而导致架体的质量不达标,造成安全事故。与此同时,模板的搭设和施工过程比较复杂,计算量比较大,需要反复计算和论证,相关部门为了缩短工期没有进行充分的验证,就会导致数据不准确的问题,这也是施工模板与支撑体系存在的问题之一。

我们所说的以 BIM 技术为基础的施工模板和支撑体系,就是建立施工模板和支撑体系的数学模型,这个模型包括施工模板和支撑体系中的各种数学参数,确定出设计方案并生成重要的计算机数学模型,对整个系统的设计标准进行详细检测,对整个系统的受力结构特性进行研究,数次对优化的设计方案进行演示等过程。

3.3.4　BIM 技术施工模板和支撑体系的优势

将 BIM 技术施工模板和支撑体系在计算机上进行模拟,来展示给业主和各个施工方看,让他们能够真实感受到此次设计方案的施工效果和设计理念,进而就可以在开始施工准备阶段就找到存在的问题,从而避免问题的发生,使设计优化效率有了很大程度上的提高。利用 BIM 技术还可以检测支架的空间结构是否合格,以及是否符合力学要求;利用计算机进行多次的计算和总结,优化有问题的部分。在整个施工模板和支撑体系的实施与验收过程中,以 BIM 技术的数学模型为基础,通过实际模型与理论模型作对比进行监督,一定程度上使施工的质量得到提高,缩减了施工时间。BIM 技术施工模板和支撑体系还具有其他的优势,那就是可以科学合理地分析整个系统中构件的力学特性、投入成本和安全性,对许多构件进行多次的重复计算,将不合格的构件依次更换成合格的,来进一步保证整个体系的使用寿命,控制投入的成本。

3.3.5　BIM 技术施工模板和支撑体系的流程

1.信息和技术支持

整个系统前期需要对一些信息和技术进行准备,其中主要包括设计各个合同文件、各种施工图纸的设计和优化、施工模板和支撑体系中的各种规范条件。这些准备好的设计内容在实际施工过程中可能会因为实际情况发生变动,如果发生变动情况,应该实时对数学模型变化的参数进行修正,来进一步提高数学模型的精准度。

2.项目的设置

施工阶段的重点就是项目的设置过程,此过程包括六部分,即施工的安全数据、结构材料、楼层管理、标高设计、工程信息和工程特点。项目设置的好坏与整个系统的计算和模型结构有着很大的关系。工程特点主要包括:运算出各种承载依据的方法、架体的类型、各个地区的重要参数和构型要求;楼层管理包括室内外的地面高度、各个楼层的高度、楼里地面的高度和混凝土的高度;结构材料包括工程中钢管的规格、尺寸外形和型号;标高设计主要是对楼梯、门、窗户、墙体、顶梁柱的标高设计;施工的安全数据主要是对整个支撑体系的标准进行参数定义和设置。

3.架体类型的选择

在选择架体类型时以下几方面内容是很重要的:在设计规范中允许的时间段内,要使工程具有较好的耐久度和安全性;在设计各种模板和支架时,要控制好经济成本且要使这些材料安全可靠;在对结构进行选择时,要使升降过程和拆卸过程方便、构建措施良好,并能够使验收方顺利进行验收;在对材料进行确定时,要尽量降低成本,且要方便养护和检修。

4.建筑物的建模

建筑物的建模方法主要是手工建模和CAD图纸转换两种办法。手工建模过程是首先对轴网建立好,再对梁板和墙柱等模型采取手动输入坐标的办法来完成构件模型建立。CAD图纸转换是利用软件对梁板、墙体等构件进行识别,最后进行合理的结构建模。

3.3.6 存在的问题

因为BIM技术施工模板与支撑体系需要计算的数据非常之多,计算量较大且需要多次详细检测。根据多年工作经验去估算各种材料的用量时,有时很不准确。在利用BIM技术时,如果工作人员的理论和技术能力不强或者粗心大意导致录入的数学参数不准确,就会使模型失真,发生各种安全问题。还有一些工作单位在施工前期没有对施工方法和安全问题进行有效掌握,或者施工时没有达到各种构件的设计刚度和强求,在将支撑构件时和BIM技术模型进行对比时不细致,也会使一些体系不符合安全性要求,发生安全问题。

3.4 防护方案

在建筑安装、道路桥梁工程施工过程中,为满足施工作业而设置的各种操作支撑架,统称为脚手架。在建筑施工中,脚手架和模板支撑架安装拆卸工时占总工时的50%上,同时脚手架和模板支撑架的成本也大约占到了工程总造价的 30％。脚手架是土木工程施工的重要设施，是为保证高处作业安全、顺利进行施工而搭设的工作平台或作业通道。它不仅是施工作业中必不可少的手段和设备，也大量占用着施工企业的流动资金。可见，脚手架工程在建筑工程中占有很重要的地位。

目前我国使用较多并且正在开发和推广的主要有扣件式钢管脚手架及承插式脚手架。其中扣件式钢管脚手架是目前使用最普遍、应用量最大的一种，占脚手架实用总量的 70％左右，在今后较长时间内这种脚手架仍占主导地位。这种脚手架主要有钢管和扣件组成，加工简单、搬运方便、通用性强，但是其安全保证性较差、施工功效低，很难满足高层建筑的发展要求。承插式脚手架是一种单管脚手架，主要由立杆、横杆、斜杆、可调底座、可调顶托等组成，立杆与横杆、斜杆之间是通过立杆上的焊接插座与横杆、斜杆上的焊接插头连接，可拼装成各种尺寸的脚手架。另外，根据插头与插座的不同结构形式，脚手架又分为盘扣式脚手架、紧扣式脚手架、圆盘式脚手架及轮扣式脚手架。

3.4.1　盘式脚手架研究现状

无论在国内还是在世界范围内，BIM 技术及其应用仍然是一个崭新的领域，其前期一直都处于理论研究阶段，直到近几年，在计算机技术飞速发展的带动下，BIM 技术才开始受到建筑行业重视，并开始应用于实际项目中。在建筑设计领域，建筑信息模型的概念已获得世界各国专家学者及工程相关从业人员广泛认同，基于建筑信息模型技术的三维设计将取代传统的二维计算机辅助建筑设计方式成为未来建筑设计的主流。盘式脚手架现在正在我国大力推广，然而 BIM 技术与盘式脚手架相结合的应用研究仍属于起步阶段。

建筑脚手架是建筑工程中重要的施工工具。在国外脚手架工程中，发达国家的脚手架大多向装拆简单、移动方便、承载性能好、使用安全可靠的多功能方向发展。

自 20 世纪 80 年代以来，欧美等发达国家开发了各种样式的插销式脚手架，即脚手架立杆上的插座与横杆上的插头采用插销连接。它具有结构合理、承载力高、装拆方便、节省工料、技术先进、安全可靠等特点，所以在欧美等发达国家深受欢迎，应用较为广泛，已成为当前国际主流脚手架。根据插座、插头和插销的种类与规格的不同，脚手架可分为 2 种主要类型，即盘销式脚手架和插接式脚手架。

圆盘式脚手架是德国莱亚(Layher)公司于 20 世纪 80 年代首先研制成功的，其插座为直径 120mm、厚 18mm 的圆盘，圆盘上开设 8 个插孔，横杆和斜杆上的插头构造设计先进，组装时，将插头先卡紧圆盘，再将楔板插入插孔内，压紧楔板即可固定横杆（见图 3-37）。

目前在许多国家采用了圆盘式脚手架，并积极发展了更多样式的插座，有圆盘形插座、多边形插座、八角形插座等。插孔多有 8 个，其形状也是多种多样。插头和楔板的形状及连接方式也各不相同，

图 3-37　圆盘式脚手架

脚手架的名称也不同,如德国呼纳贝克(HUNNEBECK)公司称为 Modex,加拿大阿鲁玛(Aluma)公司称为 Surelck。

3.4.2　圆盘式脚手架的优点

圆盘式脚手架在构造上比碗扣式脚手架更加先进。其主要特点是:

(1)安全可靠。立杆上的圆盘与焊接在横杆或斜杆上的插头锁紧,接头传力可靠;立杆间为同轴心连接,再通过斜杆连接,使得架体的每个单元近似于格构柱,因而承载力高,不易发生失稳。

(2)搭拆快、易管理。通过简单的铁锤工具即可完成横杆、斜拉杆与立杆的连接,速度快,功效高。并且全部杆件系列化、标准化,便于仓储、运输和堆放。

(3)适应性强。除搭设一些常规架体外,还可搭设悬挑结构、悬跨结构以及整体移动、整体吊装、拆卸的架体。

(4)节省材料、绿色环保。由于采用低合金结构钢为主要材料,并在表面进行热浸镀锌处理,所以与其他支撑体系相比,在同等荷载情况下,材料可节省 1/3 左右,产品寿命可达 15 年,做到节省材料、绿色环保,节省相应的运输费、搭拆人工费、管理费、材料损耗等费用。

3.4.3　脚手架的建筑信息生命周期

对于一般的建筑结构体系而言,其生命周期各阶段所需要的信息不尽相同。其中,设计阶段为整个建筑信息模型创建的最主要阶段,其基础信息主要来自建筑规划与场地条件等信息。通过这些基础信息,建筑设计师、结构工程师等专业工程师分别进行模型创建工作,同时将一部分后续需要的模型属性信息附加给相应的建筑信息模型构件,该阶段创建的信息主要是建筑及建筑构件的几何、物理、材料等信息。附加部分的信息主要为项目信息与时间信息。施工阶段是整个建筑信息模型实现的阶段,这个阶段使用或创建的信息主要是建筑信息模型中的几何、材料和时间信息,用于指导各项施工过程与施工作业,并且时间信息在这一阶段则是更加重要,用于帮助建立合理的施工过程,安排合理的施工顺序。运营和维护阶段是整个建筑信息模型发挥最大价值的阶段,通过前期建立的各项信息,能更直接、更方便地对建筑整体进行管理与控制。

脚手架体系主要应用于建筑施工阶段,但其使用周期与建筑生命周期大体相同,主要包含以下阶段:

1.项目规划

项目规划阶段主要是指拿到主体结构建筑施工图后依据建筑模型、地形对脚手架体系进行一个大体规划,确定脚手架体系的搭建位置与搭建方式。

2.设计

设计阶段是脚手架体系建设的正式开始,也是核心信息形成的开始阶段。通过提取已完成的主体结构的信息,计算出脚手架体系需要支撑的结构荷载,选择适当的脚手架结构体系与立杆间距,再根据地形、交通、建筑结构等信息选用不同规格的立杆、横杆、底座及垫块,最后画出整体的脚手架施工图,并做出立杆、横杆、底座、龙骨等详细的材料统计表。这一阶段信息的流动量大,流动剧烈,存在大量的信息创建、模型创建、信息交换、信息处理等行为。

3.编制计划

由于脚手架多是租赁的,所以应当对脚手架进行充分利用。因而要进行施工进度计划的编制,加入时间属性,更合理安排施工进度,节约成本。

4.采购与租赁

采购与租赁阶段主要是根据之前完善的信息模型,统计出了总体所需的各构件数量,然后进行采购与租赁。

5.现场施工

现场施工阶段是对之前建立的建筑信息模型进行利用并反馈,提供设计修改建议,并最终实现脚手架实体搭建的阶段。其所需要的建筑信息模型包含之前的所有阶段创建的信息与模型,该阶段将对各种信息资源进行深度整合。其工艺流程一般为定位→设置通长脚手板、底座→纵向扫地杆→立杆→横向扫地杆→小横杆→大横杆(搁栅)→剪刀撑→连墙杆→铺脚手板→扎防护栏杆→扎安全网。

6.使用

使用阶段主要是脚手架体系发挥最大价值的阶段。无论是在混凝土浇筑中作为承重受力构件还是作为安全防护构件都要将之前建立的信息模型发挥最大的价值。

7.拆除

拆除阶段是脚手架完成自己使命的阶段。依据之前建立的信息模型做好回收分类,以便下次使用。

3.4.4 BIM 技术应用于脚手架

1.脚手架的方案设计

在脚手架的方案设计之前通过 BIM 脚手架设计软件,进行结构模型的建立。在 BIM 技术软件中可以自行建模,还可以通过 CAD 图纸或者广联达的预算软件直接将项目的结构信息导入进去,就可以快速生成项目结构模型。这种方便快捷的方式大大降低了建模难度,同时保证了结构的准确性,提高了工作效率。

结合项目的实际情况,选择购买或者租赁方便的脚手架。BIM 软件可以快速获取行业内的标准,提供设计参数,同时划分出要高支模的地方以及非高支模的区域,可以根据这些标记对脚手架的设计参数进行手动更新,使得设计的脚手架能够与工程项目的实际情况相符合。BIM 软件可以立体呈现出脚手架的分布情况,让你在空间上对脚手架的认识更加清楚。最后,BIM 软件能够快速生成设计成果,大大节省了手动设计的时间,而且也保证了设计的完整性。BIM 在脚手架设计中的应用如图 3-38 所示。

2.脚手架的安全信息

在传统的脚手架管理上,设计出来的脚手架仅仅限于平面上,不像 BIM 软件出来那么立体,在施工时也没有完整的技术指导,还需要现场工作人员进行搭设指导。而通过 BIM 软件就可以看出连墙件和结构的位置,提前做好搭设方案的改进。

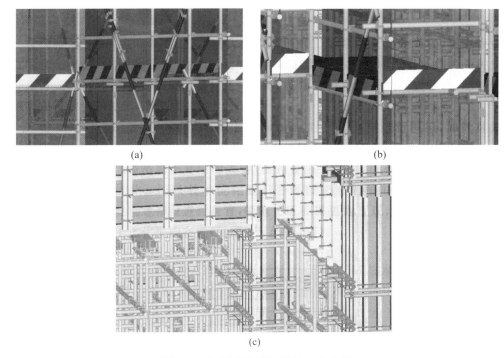

图 3-38　BIM 在脚手架设计中的应用

　　BIM 技术能够在项目未实施的时候就对项目的实施进行模拟,让脚手架工程更加生动具体。通过 BIM 软件的设计图片,施工人员能够清楚知道脚手架的搭设原则、方法,只要按照 BIM 软件中的模型进行操作就能保证脚手架的安全性,防止施工管理人员因经验不足导致脚手架连接存在安全隐患,从而使施工安全存在风险。

3.4.5　BIM 技术应用于脚手架的优势

1.加强安全管理

　　在脚手架安全信息的模型中,将安全信息引入模型中,相比于传统的二维图纸,在 3D 模型中就能够事无巨细地表达出各施工部位的技术特点,清楚地看出脚手架存在的安全隐患,更加直观地让施工管理人员了解到潜在的安全风险,加强施工安全管理的针对性。对这些重点部位加强管理力度,降低了施工安全的风险,同时也保证了工程进度。

　　在施工前期就可以根据这些潜在的风险和技术要领进行技术交底,让施工人员也能够拥有一个立体化的印象,保证施工人员在施工前就了解到施工的要领,在脚手架的搭设过程中能够更加专注,把精力投入进行了技术交底的重点部位。在搭设时,现场管理人员针对这些重点部位进行安全检查,保证搭设安全。

2.节约施工成本

　　(1)在人力成本上,BIM 软件帮助企业减少了脚手架设计人员的配置。在传统的脚手架设计中需要耗费大量的人力和物力,才能保证脚手架的设计安全。在后期的施工中也要加强脚手架的施工管理,对出现的安全隐患要挨个排查,才能发现安全管理的重点,因此在管理人员的投入上也会比较多。但是运用 BIM 脚手架设计软件后，设计工作量减少了很多，而且可以立体直观地发现存在的安全隐患，及时改进，解决了施工过程中脚手架控制难的问题。

（2）在材料成本上，脚手架是工程材料耗损比较严重的部分。在传统的脚手架设计中，对材料的预估存在偏差，导致模板的采购或者加工中造成了一定程度的浪费。但是，引入 BIM 脚手架设计软件，前期就可以选择模板和脚手架的型号，而且根据这些型号核定出最经济的使用量。材料管理员完全可以依照推荐的使用量进行采购或加工，减少材料的浪费，同时在以后的项目中可以优先选择已经拥有的脚手架型号，再进行数据核算，这样可以大大提高脚手架的周转率，节省材料成本，同时也减少对环境的污染。

（3）在预算的控制上，由于 BIM 技术提高了脚手架的设计准确性，因此在脚手架的预算控制上也可以达到很好的效果，避免了设计错误导致预算成本与实际成本存在误差，给成本的控制带来麻烦。

3.4.6　BIM 技术应用于脚手架的局限性

BIM 技术在脚手架管理中的优势是毋庸置疑的，但是随着施工精细化的管理，BIM 的局限性也开始凸显。

（1）管理人员对 BIM 软件产生的依赖思想，对实际情况的灵活变通能力变弱。另外 BIM 技术的学习对于现阶段的施工管理人员来说存在一定的难度。现在很多施工管理人员文化水平低，基本都是依靠从业多年的管理经验在项目中履行管理职责，掌握 BIM 技术有一定难度。

（2）在 BIM 软件的应用过程中，对利益各方产生了一定的影响，导致 BIM 软件的应用程度不高。例如，施工单位往往以成本价才能保证中标，利润的获取主要是源自设计的变更或过程的变更，但是随着 BIM 软件的到来，计算的错误率大大降低，导致施工单位的利润降低，因此施工单位对 BIM 软件有排斥。最后是现阶段转向 BIM 实践的过程中需要投入很大的成本，很多单位望而却步。

（3）BIM 技术还处在发展期，在国内的落实程度不高。BIM 技术作为一个大的体系，必须加强工程项目和各管理主体相关的融合，才能真正发挥其管理的高效性。

案例分析

第4章　施工进度计划与控制

知识目标

了解施工进度控制与管理内容,了解施工进度管理存在的问题,熟悉施工进度控制方法,掌握施工进度的编制步骤及方法;熟悉网络图的基本概念,掌握双代号网络图的绘制;了解常用 BIM 进度管理软件,掌握基于 BIM 的项目进度计划编制及项目进度控制分析。

能力目标

具备准确绘制双代号网络图的基本能力,能够应用 BIM 进度管理软件对工程项目进度计划进行编制及项目进度进行控制分析。

思政目标

培养学生大国情怀和工匠精神。

本章思维导图

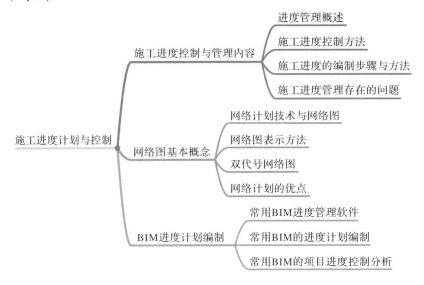

施工进度计划与控制
- 施工进度控制与管理内容
  - 进度管理概述
  - 施工进度控制方法
  - 施工进度的编制步骤与方法
  - 施工进度管理存在的问题
- 网络图基本概念
  - 网络计划技术与网络图
  - 网络图表示方法
  - 双代号网络图
  - 网络计划的优点
- BIM进度计划编制
  - 常用BIM进度管理软件
  - 常用BIM的进度计划编制
  - 常用BIM的项目进度控制分析

4.1　施工进度控制与管理内容

4.1.1　进度管理概述

进度管理也称工期管理,是项目三大管理目标之一,它与质量管理、范围管理、成本管理协同配合,共同保证项目资源的合理配置、降低工程成本并且如期保质保量完成项目目标。

施工进度管理是指施工单位项目经理部根据施工合同的工期要求编制施工进度计划,并将施工进度计划作为进度管理的目标,在施工过程中进行勘察、检测和分析,及时发现施工中存在的问题,立刻采取措施确保工程按时施工,及时改进制订的施工进度计划,使目标得以实现。进度管理包括工序定义、合理排序、资源估算、工期估算、进度计划制订和控制六个方面的内容。

4.1.2　施工进度控制方法

施工进度控制是项目管理中的关键内容之一,目的是确保成本、质量等目标能够实现。其方法主要是规划、控制和协调。规划是指确定施工项目总进度控制目标和分进度控制目标,并编制其进度计划。控制是指在施工项目实施的全过程中,进行施工实际进度与施工计划进度的比较,出现偏差及时采取措施调整。协调是指协调与施工进度有关的单位、部门和工作队组之间的进度关系。

施工进度计划在进度控制中的作用如下:

(1)控制单位工程的施工进度,保证在规定的工期内完成符合质量要求的工程任务。

(2)确定单位工程的各个施工过程的施工顺序、施工持续时间及相互衔接和合理配合关系。

(3)为编制季度、月度生产作业计划提供依据。

(4)制定各项资源需要量计划和编制施工准备工作计划的依据。

4.1.3　施工进度的编制步骤与方法

单位工程施工进度计划的编制步骤为:

(1)研读单位工程全部施工图纸及相关资料,调查施工条件。

(2)确定工程项目,进行施工分解并编排施工过程顺序。

(3)计算工程项目的工程量。

(4)确定劳动量以及机械台班数量。

(5)确定作业施工持续时间。

(6)确定各分部分项工程的施工进度计划和初排施工进度。

(7)检查和调整施工进度计划。

编制单位工程进度计划的具体程序为:审读施工图纸及有关资料→工作项目划分→确定施工顺序→计算(调整)工程量(或审核工程量清单)→计算工日数和机械台班数→确定分部(分项)持续时间→绘制进度计划图(横道图或网络图)→检查和调整进度计划→正式确定施工进度计划。

进度管理的首要任务,其合理与否对项目有重大影响,而其编制的合理性则有赖于进度计划编制技术的支持。常用的制订计划的方法有以下几种:

1. 关键日期法

一般采用关键日期表,它是最简单的一种进度计划表,只列出一些关键活动和进行的日期,即将项目建设活动或施工过程在表中列出,注明其开始与结束时间,是否是关键工作的一种日程安排。关键日期表简洁、编制时间最短、费用最低,但表现力差、优化调整困难。

2. 甘特图

甘特图(Gantt chart)又叫横道图、条状图(Bar chart)。在第一次世界大战时期由亨利·L. 甘特发明,并以其名字命名,他制定了一个完整地用条形图表进度的标志系统。甘特图内在思想简单,即以图示的方式通过活动列表和时间刻度形象地表示出任何特定项目的活动顺序与持续时间。

3. 关键路径法和计划评审技术

关键路径法(Critical Path Method,CPM)是一种基于数学计算的项目计划管理方法,是网络图计划方法的一种,属于肯定型的网络图。根据绘制方法的不同,关键路径法可以分为箭线图(ADM)法和前导图(PDM)法两种。箭线图法又称为双代号网络图法,它是以横线表示活动而以带编号的节点连接活动,活动间可以有一种逻辑关系—结束—开始。前导图法又称为单代号网络图法,它是以节点表示活动而以节点间的连线表示活动间的逻辑关系,活动间可以有四种逻辑关系:结束—开始、结束—结束、开始—开始和开始—结束。

计划评审技术(Program Evaluation and Review Technique,PERT),是利用网络分析制订计划以及对计划予以评价的技术。它能协调整个计划的各道工序,合理安排人力、物力、时间、资金,加速计划的完成。在现代计划的编制和分析手段上,PERT被广泛使用,是现代化管理的重要手段和方法。

4.1.4 施工进度管理存在的问题

传统的进度管理理论有详细的进度计划编制、进度计划控制方法,但在实际工程中还是会遇到工期延误、进度滞后等原因,主要有以下几方面原因:

(1)机械设备、劳动力及主要原料不足或短缺,各种合同不严谨使得相关方不能达成共识,业主原因导致工程项目不能连续进行等。

(2)成本、进度、质量是工程三要素,由于进度不能保证,势必出现抢工现象,工程质量将存在隐患,同时造价也将随之增加。

(3)合同管理不善,场地条件和作业条件改变,材料短缺,供应不及时,计划组织不当等。

(4)图纸审批、承包商的进度款延误支付及施工期间的资金问题、设计变更、分包商之间工作进度冲突等。

4.2　网络图基本概念

4.2.1　网络计划技术与网络图

网络计划技术是用网络图进行计划管理的一种方法。网络计划技术应用网络图表述一项计划中各项工作的先后次序和相互关系、估计每项工作的持续时间和资源需要量、通过计算找出关键工作和关键路线,从而选择出最合理的方案并付诸实施,然后在计划执行过程中进行控制和监督,保证最合理地使用人力、物力、财力和时间。

网络图是由箭线和节点组成的用来表示工作流程的有向、有序的网状图。在网络图上加注工作时间参数而编成的进度计划,称为网络计划。网络计划是利用网络图编制进度计划的一种重要方法。

建筑工程计划管理应用网络计划技术的基本流程是,首先将工程的全部建造过程分解为若干工作项目,并按其先后次序和相互制约依存关系,绘制网络图,然后计算时间参数,找出关键工作和关键路线;在此基础上利用优化原理,修改初始方案,取得最优网络计划方案;最后在网络计划执行过程中进行有目的的监控,以使用最少的消耗,获得最佳的经济效果。

网络图是由箭线和节点组成的,用来表示工作的开展顺序及其相互依赖、相互制约关系的有向、有序的网状图形。

网络计划技术的基本原理有以下几点:

(1)利用网络图的形式表达一项工程中各项工作的先后顺序及逻辑关系。

(2)通过对网络图时间参数的计算,找出关键工作、关键线路。

(3)利用优化原理,改善网络计划的初始方案,以选择最优方案。

(4)在网络计划的执行过程中进行有效的控制和监督,保证合理利用资源,力求以最少的消耗获取最佳的经济效益和社会效益。

4.2.2　网络图表示方法

1.单代号网络图表示法

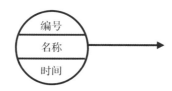

2.双代号网络图表示法

(1)实工作：

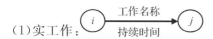

（2）虚工作：

4.2.3 双代号网络图

双代号网络图由工作、节点、线路三个基本要素组成。

1.工作

工作是指可以独立存在,需要消耗一定时间和资源,能够定以名称的活动;或只表示某些活动之间的相互依赖、相互制约的关系,而不需要消耗时间、空间和资源的活动。

工作可以分为以下几类:

（1）需要消耗时间和资源的工作。

（2）只消耗时间而不消耗资源的工作。

（3）不需要消耗时间和资源、不占有空间的工作。

2.节点

节点是指网络图的箭杆进入或引出处带有编号的圆圈。它表示其前面若干项工作的结束或表示其后面若干项工作的开始。

节点的特点是:不消耗时间和资源;标志着工作的结束或开始的瞬间;两个节点编号表示一项工作。

节点的种类:

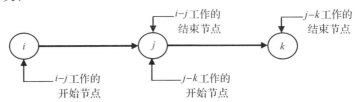

节点与工作的关系:

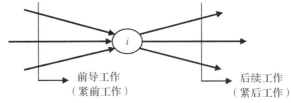

节点编号的目的是便于网络图时间参数的计算和便于检查或识别各项工作。原则上不允许重复编号,箭尾编号必须小于箭头编号,即:$i<j$。

3.线路

线路是指网络图中从起点节点开始,沿箭线方向连续通过一系列箭线与节点,最后到达终点节点的通路。

线路时间是指线路所包含的各项工作持续时间的总和。

线路种类分为关键线路和非关键线路。关键线路是在网络图中线路持续时间最长的线路。

4.各种逻辑关系的正确表示方法

网络图中工作之间相互制约、相互依赖的关系称为逻辑关系,它是网络图能否反映工程实际情况的关键,一旦逻辑关系出错,则图中各项工作参数的计算及关键线路和工程工期都将随之发生错误。表 4-1 给出了常见逻辑关系及其表示方法。

练一练

表 4-1　工作逻辑关系网络

序号	工作之间的逻辑关系	网络图中的表示方法	说明
1	A、B 两项工作依次施工		A 制约 B 的开始,B 依赖 A 的结束
2	A、B、C 三项工作同时开始施工		A、B、C 三项工作为平行施工方式
3	A、B、C 三项工作同时结束		A、B、C 三项工作为平行施工方式
4	A、B、C 三项工作,A 结束后,B、C 才能开始		A 制约 B、C 的开始,B、C 依赖 A 的结束,B、C 为平行施工
5	A、B、C 三项工作,A、B 结束后,C 才能开始		A、B 为平行施工,A、B 制约 C 的开始,C 依赖 A、B 的结束
6	A、B、C、D 四项工作,A、B 结束后,C、D 才能开始		引出节点,正确地表达了 A、B、C、D 之间的关系
7	A、B、C、D 四项工作,A 完成后,C 才能开始,A、B 完成后,D 才能开始		引出虚工作,正确表达它们之间的逻辑关系
8	A、B、C、D、E 五项工作,A、B、C 完成后,D 才能开始,B、C 完成后,E 才能开始		引出虚工作,正确表达它们之间的逻辑关系
9	A、B、C、D、E 五项工作,A、B 完成后,C 才能开始,B、D 完成后,E 才能开始		

逻辑关系包括工艺关系和组织关系,在网络中均应表现为工作之间的先后顺序。

（1）生产性工作之间由工艺过程决定的,非生产性工作之间由工作程序决定的先后顺序叫工艺关系。如某一现浇钢筋混凝土柱的施工,必须在绑扎完柱钢筋和支完模板以后,才能浇筑混凝土。

（2）工作之间由于组织安排需要或资源(人力、材料、机械设备和资金等)调配需要而规定的先后顺序关系叫组织关系。如同一工程,有 A、B、C 三个施工过程,是先施工 A 还是先施工 B 或施工 C,或是同时施工其中的两个或三个施工段;某些不存在工艺制约关系的施工过程,如屋面防水与门窗工程,两者之中先施工其中某项,还是同时进行,都要根据施工的具体条件(如工期要求、人力及材料等资源供应条件)来确定。

网络图必须正确地表达整个工程或任务的工艺流程和各工作开展的先后顺序及其相互依赖、相互制约的逻辑关系,因此,绘制网络图时必须遵循一定的基本规则和要素。在绘制网络图时,要特别注意虚箭线的使用。在某些情况下,必须借助虚箭线才能正确表达工作之间的逻辑关系。

双代号网络图的基本绘图规则如下:

①双代号网络图必须正确表达已定的逻辑关系。

②严禁出现循环回路。循环回路是指从网络图中的某一个节点出发,顺着箭线方向又回到了原来出发点的线路。

③严禁出现没有箭头节点或没有箭尾节点的箭线。

④在节点之间严禁出现带双向箭头或无箭头的连线。

⑤双代号网络图的某些节点有多条外向箭线或多条内向箭线时,为使图形简洁,可使用母线法绘制。但应满足一项工作用一条箭线和相应的一对节点表示。

⑥绘制网络图时,箭线不宜交叉;当交叉不可避免时,可用过桥法或指向法。

⑦双代号网络图中应只有一个起点节点和一个终点节点(多目标网络计划除外);而其他所有节点均应是中间节点。

4.2.4　双代号网络图的时间参数计算

双代号网络计划时间参数计算的目的在于通过计算各项工作的时间参数,确定网络计划的关键工作、关键线路和计算工期,为网络计划的优化、调整和执行提供明确的时间参数。网络图的时间参数的计算有多种方法,常用的有图上计算法和电算法等。

1.时间参数的概念及其符号

①工作持续时间(D_{i-j})。工作持续时间是对一项工作规定的从开始到完成的时间。在双代号网络计划中,工作 $i-j$ 的持续时间用 D_{i-j} 表示。

②工期(T)。工期泛指完成任务所需要的时间,其分类如表 4-2 所示。

表 4-2　网络计划的工期

名称	符号	意义	计划工期确定
计算工期	T_c	根据网络计划时间参数计算出来的工期	已规定了要求工期 T_r 时,$T_p \leq T_r$;当未规定要求工期时,$T_p = T_c$
要求工期	T_r	任务委托人所要求的工期	
计划工期	T_p	在要求工期和计算工期的基础上综合考虑需求和可能而确定的工期	

③网络计划中工作的六个时间参数。如表 4-3 所示。

表 4-3　网络计划中工作的六个时间参数

名称	符号	意义	计划工期确定
最早开始时间	ES_{i-j}	在各紧前工作全部完成后,本工作有可能开始的最早时刻	
最早完成时间	EF_{i-j}	在各紧前工作全部完成后,本工作有可能完成的最早时刻	$\dfrac{ES_{i-j} \mid LS_{i-j} \mid TF_{i-j}}{EF_{i-j} \mid LF_{i-j} \mid FF_{i-j}}$
最迟开始时间	LS_{i-j}	在不影响整个任务按期完成的前提下工作必须开始的最迟时刻	
最迟完成时间	LF_{i-j}	在不影响整个任务按期完成的前提下工作必须完成的最迟时刻	工作名称
总时差	TF_{i-j}	在不影响整个任务按期完成的前提下工作必须完成的最迟时刻	ⓘ ——→ ⓙ　持续时间
自由时差	FF_{i-j}	在不影响其紧后工作的情况下可以利用的机动时间	

2. 图上计算法

按工作计算法在网络图上计算六个工作时间参数,其计算步骤如下:

(1)最早开始时间和最早完成时间的计算。工作最早时间参数受到紧前工作的约束,故其计算顺序应从起点节点开始,顺着箭线方向依次逐项计算。

①以网络计划的起点节点为开始节点的工作的最早开始时间为零。如网络计划起点节点的编号为 1,则

$$ES_{i-j} = 0 \ (i=1)$$

②顺着箭线方向依次计算各个工作的最早完成时间和最早开始时间。

ⓐ最早完成时间等于最早开始时间加上其持续时间,即

$$EF_{i-j} = ES_{i-j} + D_{i-j}$$

ⓑ最早开始时间等于各紧前工作的最早完成时间 EF_{h-i} 的最大值,即

$$ES_{i-j} = \max[EF_{h-i}]$$

或

$$ES_{i-j} = \max[ES_{h-i} + D_{h-i}]$$

(2)确定计算工期 T_c。计算工期等于以网络计划的终点节点为箭头节点的各个工作的最早完成时间的最大值。当网络计划终点节点的编号为 n 时,则

$$T_c = \max[EF_{i-n}]$$

当无要求工期的限制时,取计划工期等于计算工期,即取 $T_p = T_c$。

(3)最迟开始时间和最迟完成时间的计算。工作最迟时间参数受到紧后工作的约束,故其计算顺序应从终点节点起,逆着箭线方向依次逐项计算。

①以网络计划的终点节点($j=n$)为箭头节点的工作的最迟完成时间等于计划工期 T_p,即

$$LF_{i-n} = T_p$$

②逆着箭线方向依次计算各个工作的最迟开始时间和最迟完成时间。

ⓐ最迟开始时间等于最迟完成时间减去其持续时间,即

$$LS_{i-j} = LF_{i-j} - D_{i-j}$$

ⓑ最迟完成时间等于各紧后工作的最迟开始时间 LS_{j-k} 的最小值,即

$$LF_{i-j} = \min[L_{Sj-k}]$$

或

$$LF_{i-j} = \min[LF_{j-k} - D_{j-k}]$$

(4)计算工作总时差。总时差等于其最迟开始时间减去最早开始时间,或等于最迟完成时间减去最早完成时间,即

$$TF_{i-j} = LS_{i-j} - ES_{i-j}$$
$$TF_{i-j} = LF_{i-j} - EF_{i-j}$$

(5)计算工作自由时差。

当工作 $i-j$ 有紧后工作 $j-k$ 时,其自由时差应为

$$FF_{i-j} = ES_{j-k} - EF_{i-j}$$

或

$$FF_{i-j} = ES_{j-k} - ES_{i-j} - D_{i-j}$$

以网络计划的终点节点 $(j-n)$ 为箭头节点的工作,其自由时差 FF_{i-n} 应按网络计划的计划工期 T 确定,即

$$FF_{i-n} = T_p - EF_{i-n}$$

(6)关键工作与关键线路的确定。关键工作是指总时差最小的工作是关键工作;而关键线路是指自始至终全部由关键工作组成的线路或线路上总的工作持续时间最长的线路。网络图上的关键线路可用双线或粗线标注。

3.实践演练

已知网络计划的资料如表4-4所示,试绘制双代号网络计划;若计划工期等于计算工期,试计算各项工作的六个时间参数并确定关键线路,标注在网络计划上。

表4-4 预制装配式厂房工作逻辑关系及持续时间表

工作名称	场地平整	构件预制	基础施工	构建运输	柱子吊装	吊车梁吊装	屋架吊装	屋面板吊装
工作代号	A	B	C	D	E	F	G	H
紧前工作	—	—	A	B	C、D	F	F	F
持续时间	14	12	13	13	15	6	13	15

解

计算各项工作的时间参数:

(1)计算各项工作的最早开始时间和最早完成时间。

从起点(①节点)开始顺着箭线方向依次逐项计算到终点节点(⑥节点)。

①以网络计划起点为开始节点的各工作的最早开始时间为零,即

$$ES_{1-2} = ES_{1-3} = 0$$

②计算各项工作的最早开始时间和最早完成时间,即

$$EF_{1-2} = ES_{1-2} + D_{1-2} = 0 + 14 = 14$$

$$EF_{1-3} = ES_{1-3} + D_{1-3} = 0 + 12 = 12$$

$$ES_{2-5} = EF_{1-2} = 14$$

$$ES_{3-4} = EF_{1-3} = 12$$

$$EF_{2-5} = ES_{2-5} + D_{2-5} = 14 + 13 = 27$$

$$EF_{3-4} = ES_{3-4} + D_{3-4} = 12 + 13 = 25$$

$$ES_{5-6} = max[EF_{2-5}, EF_{3-4}] = max[27, 25] = 27$$

$$EF_{5-6} = ES_{5-6} + D_{5-6} = 27 + 15 = 42$$

$$ES_{6-7} = EF_{5-6} = 42$$

$$EF_{6-7} = ES_{6-7} + D_{6-7} = 42 + 6 = 48$$

$$ES_{7-8} = ES_{7-9} = EF_{6-7} = 48$$

$$EF_{7-8} = ES_{7-8} + D_{7-8} = 48 + 15 = 63$$

$$EF_{7-9} = ES_{7-9} + D_{7-9} = 48 + 13 = 61$$

(2)确定计算工期 T_c 及计划工期 T_p

计算工期为

$$T_c = max[EF_{7-8}, EF_{7-9}] = max[63, 61] = 63$$

已知计划工期等于计算工期,即计划工期为 $T_p = 63$

(3)计算各项工作的最迟开始时间和最迟完成时间。

① 以网络计划终点节点为箭头节点的工作的最迟完成时间等于计划工期,即

$$LF_{7-8} = LF_{7-9} = 63$$

② 计算各项工作的最迟开始时间和最早迟完成时间,即

$$LS_{7-8} = LF_{7-8} - D_{7-8} = 63 - 15 = 48$$

$$LS_{7-9} = LF_{7-9} - D_{7-9} = 63 - 13 = 50$$

$$LF_{6-7} = min[LS_{7-8}, LS_{7-9}] = min[48, 50] = 48$$

$$LS_{6-7} = LF_{6-7} - D_{6-7} = 48 - 6 = 42$$

$$LF_{5-6} = LS_{6-7} = 42$$

$$LS_{5-6} = LF_{5-6} - D_{5-6} = 42 - 15 = 27$$

$$LF_{2-5} = LF_{3-4} = LS_{5-6} = 27$$

$$LS_{2-5} = LF_{2-5} - D_{2-5} = 27 - 13 = 14$$

$$LS_{3-4} = LF_{3-4} - D_{3-4} = 27 - 13 = 14$$

$$LF_{1-2} = LS_{2-5} = 14$$

$$LF_{1-3} = LS_{3-4} = 14$$

$$LS_{1-2} = LF_{1-2} - D_{1-2} = 14 - 14 = 0$$

$$LS_{1-3} = LF_{1-3} - D_{1-3} = 14 - 12 = 2$$

(4)计算各项工作的总时差 TF_{i-j}

可用工作的最迟开始时间减去最早开始时间或用工作的最迟完成时间减去最早完成时间,即

$$TF_{1-2} = LS_{1-2} - ES_{1-2} = 0 - 0 = 0$$

$$TF_{1-3}=LS_{1-3}-ES_{1-3}=2-0=2$$
$$TF_{2-5}=LS_{2-5}-ES_{2-5}=14-14=0$$
$$TF_{3-4}=LS_{3-4}-ES_{3-4}=14-12=2$$
$$TF_{5-6}=LS_{5-6}-ES_{5-6}=27-27=0$$
$$TF_{6-7}=LS_{6-7}-ES_{6-7}=42-42=0$$
$$TF_{7-8}=LS_{7-8}-ES_{7-8}=48-48=0$$
$$TF_{7-9}=LS_{7-9}-ES_{7-9}=50-48=2$$

（5）计算各项工作的自由时差 F_{i-j}。

其等于紧后工作的最早开始时间减去本工作的最早完成时间，即

$$FF_{1-2}=ES_{2-5}-EF_{1-2}=14-14=0$$
$$FF_{1-3}=ES_{3-4}-EF_{1-3}=12-12=0$$
$$FF_{3-4}=ES_{5-6}-EF_{3-4}=27-25=2$$
$$FF_{5-6}=ES_{6-7}-EF_{5-6}=42-42=0$$
$$FF_{6-7}=ES_{7-8}-EF_{6-7}=48-48=0$$
$$FF_{7-8}=T_p-EF_{7-8}=63-63=0$$
$$FF_{7-9}=T_p-EF_{7-9}=63-61=2$$

将以上计算结果标注在图 4-1 中的相应位置。

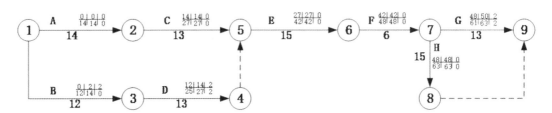

图 4-1　双代号网络计划图及相关参数计算示意

确定关键工作及关键线路：

在图 4-1 中，最小的总时差是 0，所以，凡是总时差为 0 的工作均为关键工作。该例中的关键工作是 $1-2$,$2-3$,$3-5$,$5-6$,$6-7$,$7-8$ 或关键工作是 A、C、E、F、H）。自始至终全由关键工作组成的关键线路是①—②—⑤—⑥—⑦—⑧。

4.2.5　双代号时标网络图

时间坐标网络计划简称时标网络，是网络计划的另一种表现形式。在前述网络计划中，箭线长短并不表明时间的长短，而在时间坐标网络计划中，节点位置及箭线的长短即表示工作的时间进程。

1.双代号时标网络计划的特点

双代号时标网络计划是以水平时间坐标为尺度编制的双代号网络计划，其主要特点如下：

（1）时标网络计划兼有网络计划与横道计划的优点，它能够清楚地表明计划的时间

进程,使用方便。

(2)时标网络计划能在图上直接显示出各项工作的开始与完成时间、工作的自由时差及关键线路。

(3)在时标网络计划中可以统计每一个单位时间对资源的需要量,以便进行资源优化和调整。

(4)由于箭线受到时间坐标的限制,当情况发生变化时,对网络计划的修改比较烦,往往要重新绘图。但使用计算机以后,这一问题已较容易解决。

2.双代号时标网络计划的一般规定

(1)时间单位应根据需要在编制网络计划之前确定,可为季、月、周、天等。

(2)以实箭线表示工作,以垂直方向虚箭线表示虚工作,以波形线装示时差。

(3)所有符号在时间坐标上的位置及其水平投影,都必须与其所代表的时间值相对应。节点中心必须对准时标的刻度线。

3.时标网络计划的编制

时标网络计划宜按各个工作的最早开始时间编制。在编制之前,应先按已确定的时间单位绘制出时标计划表。双代号时标网络计划的编制方法有以下两种:

(1)间接法绘制。先绘制出时标网络计划,计算各工作的最早时间参数,再根据最早时间参数在时标计划表上确定节点位置,连线完成,某些工作箭线长度不足以到达该工作的完成节点时,用波形线补足。

(2)直接法绘制。根据网络计划中工作之间的逻辑关系及各工作的持续时间,直接在时标计划表上绘制时标网络计划。绘制步骤如下:

①将起点节点定位在时标表的起始刻度线上。

②按工作持续时间在时标计划表上绘制起点节点的外向箭线。

③其他工作的开始节点必须在其所有紧前工作都绘出以后,定位在这些紧前工作最早完成时间最大值的时间刻度上,某些工作的箭线长度不足以到达该节点时,用波形线补足,箭头画在波形线与节点连接处。

④用上述方法从左至右依次确定其他节点位置,直至网络计划终点节点定位,绘图完成。

4.实践演练

已知网络计划的资料见表 4-4,使用直接法绘制双代号时标网络计划。

解

(1)双代号时标网络图绘制

①将网络计划的起点节点定位在时标表的起始刻度线上,起点节点的编号为①,如图 4-2 所示。

②画节点①的外向箭线,即按各工作的持续时间,画出无紧前工作的工作 A、B,并确定节点②、③的位置。

③依次画出节点②、③的外向箭线工作 C、D,并确定节点④的位置,节点④的位置定位在其两条内向箭线的最早完成时间的最大值处,即定位在时标值 27 的位置,工作 D 的

箭线长度达不到④节点,则用波形线补足。

④按上述步骤,直到画出全部工作,确定出终点节点⑦的位置,时标网络计划绘制完毕,如图 4-2 所示。

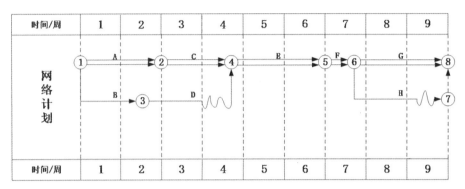

图 4-2　双代号时标网络计划

(2)关键线路和计算工期的确定

①时标网络计划关键线路的确定,应自终点节点逆箭线方向朝起点节点逐次进行判定:从终点到起点不出现波形线的线路即为关键线路。如图 4-2 所示,关键线路是:①—②—④—⑤—⑥—⑧,用双箭线表示。

②时标网络计划的计算工期,应是终点节点与起点节点所在位置之差。计算工期 T_c $=63-0=63(d)$。

(3)时标网络计划时间参数的确定

在时标网络计划中,六个工作时间参数的确定步骤如下。

①最早时间参数的确定

按最早开始时间绘制时标网络计划,最早时间参数可以从图上直接确定。

(a)最早开始时间 ES_{i-j}。每条实箭线左端箭尾节点(i 节点)中心所对应的时标值,即为该工作的最早开始时间。

(b)最早完成时间 EF_{i-j}。如箭线右端无波形线,则该箭线右端节点(j 节点)中心所对应的时标值为该工作的最早完成时间;如箭线右端有波形线,则实箭线右端末所对应的时标值即为该工作的最早完成时间。

由图 4-2 可知:$ES_{1-3}=0$,$EF_{1-3}=12$,$ES_{4-5}=27$,$EF_{4-5}=42$。以此类推确定。

②自由时差的确定

时标网络计划中各工作的自由时差值应为表示该工作的箭线中波形线部分在坐标轴上的水平投影长度。

由图 4-2 可知:工作 D、H 的自由时差分别为 $FF_{3-4}=2$,$FF_{6-7}=2$

③总时差的确定

时标网络计划中工作的总时差的计算应自右向左进行,且符合下列规定:

以终点节点($j=n$)为箭头节点的工作的总时差 TF_{i-n} 应按网络计划的计划工期 T_p 计算确定,即

$$\mathrm{TF}_{i-n}=T_\mathrm{p}-\mathrm{EF}_{i-n}$$

工作 G、H 的总时差分别为

$$\mathrm{TF}_{6-8}=T_\mathrm{p}-\mathrm{EF}_{6-8}=63-63=0$$
$$\mathrm{TF}_{6-7}=T_\mathrm{p}-\mathrm{EF}_{6-7}=63-61=2$$

其他工作的总时差等于其紧后工作 $j-k$ 总时差的最小值与本工作的自由时差之和，即

$$\mathrm{TF}_{i-j}=\min[\mathrm{TF}_{i-k}]+\mathrm{FF}_{i-j}$$

各项工作的总时差计算如下：

$$\mathrm{TF}_{5-6}=\mathrm{TF}_{6-8}+\mathrm{FF}_{5-6}=0+0=0$$
$$\mathrm{TF}_{4-5}=\mathrm{TF}_{5-6}+\mathrm{FF}_{4-5}=0+0=0$$
$$\mathrm{TF}_{2-4}=\mathrm{TF}_{4-5}+\mathrm{FF}_{2-4}=0+0=0$$
$$\mathrm{TF}_{3-4}=\mathrm{TF}_{4-5}+\mathrm{FF}_{3-4}=0+2=2$$
$$\mathrm{TF}_{1-2}=\mathrm{TF}_{2-4}+\mathrm{FF}_{1-2}=0+0=0$$
$$\mathrm{TF}_{1-3}=\mathrm{TF}_{3-4}+\mathrm{FF}_{1-3}=2+0=2$$

（4）最迟时间参数的确定

时标网络计划中工作的最迟开始时间和最迟完成时间可按下式计算：

$$\mathrm{LS}_{i-j}=\mathrm{ES}_{i-j}+\mathrm{TF}_{i-j}$$
$$\mathrm{LF}_{i-j}=\mathrm{EF}_{i-j}+\mathrm{TF}_{i-j}$$

工作的最迟开始时间和最迟完成时间为

$$\mathrm{LS}_{1-2}=\mathrm{ES}_{1-2}+\mathrm{TF}_{1-2}=0+0=0$$
$$\mathrm{LF}_{1-2}=\mathrm{EF}_{1-2}+\mathrm{TF}_{1-2}=14+0=14$$
$$\mathrm{LS}_{1-3}=\mathrm{ES}_{1-3}+\mathrm{TF}_{1-3}=0+2=2$$
$$\mathrm{LF}_{1-3}=\mathrm{EF}_{1-3}+\mathrm{TF}_{1-3}=12+2=14$$

由此类推，可计算出各项工作的最迟开始时间和最迟完成时间。由于所有工作的最早开始时间、最早完成时间和总时差均为已知，故计算比较简单。

4.2.6　网络计划的优化

网络计划的优化，是指在满足既定约束前提条件下，按预期目标，通过不断改进网络计划寻求满意方案。其优化目标应按计划任务的需要和条件选定，包括工期目标、费用目标和资源目标。

1.工期优化

网络计划编制后，最常遇到的问题是计算工期大于上级规定的要求工期。对此可通过压缩关键工作的持续时间满足工期要求，其途径主要是增加劳动力和机械设备或者缩短工作的持续时间。但如何有目的地去压缩工作的持续时间？其解决的方法有"顺序法""加权平均法""选择法"等工期优化方法。"顺序法"是根据关键工作开工时间来确定，先干的工作先压缩；"加权平均法"是按关键工作开工时间来确定。这两种方法均没有考虑作业的关键工作所需的资源是否有保证及相应的费用增加幅度。"选择法"更接近于实际需要。

(1)"选择法"工期优化

①缩短关键工作的持续时间应考虑的因素:短持续时间对质量影响不大的工作;有充足备用资源的工作;缩短持续时间所需增加的费用最少的工作。

②工期优化的步骤:

ⓐ计算并找出初始网络的计算工期、关键工作和关键线路。

ⓑ按要求工期计算应缩短的持续时间:

$$\Delta T = T_c - T_r$$

式中:T_c 为计算工期;T_r 为要求工期。

ⓒ确定每个关键工作能缩短的持续时间。

ⓓ按选择关键工作所持续时间,重新计算网络计划的计算期。

ⓔ当计算工期仍超过要求工期时,则重复以上步骤,直到满足要求工期为止。

ⓕ当所有关键工作的持续时间都已达到其能缩短的极限而工期仍不能满足要求时应对原组织方案进行调整或对要求工期重新审定。

2.资源优化

网络计划的资源优化是在有约束条件的最优化过程。网络计划中各个工作的开始时间是一个决策变量,每一种计划实质上是一个抉择。对计划的优化是在众多的决策中选择一个能使我们的目标函数值最佳的决策。

目标随着情况、资源本身性质的不同而不同,其有可能是工期最短,也有可能是总成本最低,还有可能是其他目标,其目标函数的形式是多种多样的。例如,对于一些非库存的材料(如施工用的混凝土),如果每天的消耗量大致均衡,这样能够提高搅拌设备及输出设备的利用率。最理想的资源曲线如图 4-3(a)所示。而对于人力资源的需求除有时希望均衡外,也有可能希望人力的需要曲线如图 4-3(b)所示。

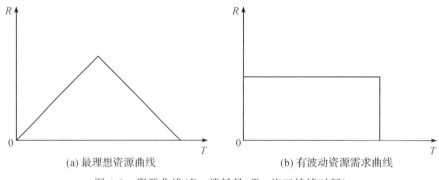

(a)最理想资源曲线   (b)有波动资源需求曲线

图 4-3 资源曲线(R—消耗量;T—施工持续时间)

在优化过程中,决策变量的取值还需要满足一定的约束条件,如优先关系、搭接关系总工期、资源的高峰等。当然随着面临的问题不同,约束条件也不同。

对于资源优化的问题目前还没有十分完善的理论,在算法方面一般是以通常的网络(CPM)参数计算的结果出发,逐步修改工序的开工时间,达到改善目标函数的目的,这即是资源优化的基本原理。

3.工期—成本优化

工期—成本优化的基本方法是从网络计划各工作的持续时间和费用的关系中,依次找出既能使计划工期缩短又能使得其直接费用增加最少的工作,不断地缩短其持续时间,同时考虑间接费用叠加,即可求出工程成本最低时的相应最佳工期和工期固定对应的最低工程成本。

4.3　BIM 进度计划编制

4.3.1　常用 BIM 进度管理软件

目前,编制项目进度计划的计算机软件主要有美国微软公司的 Microsoft Project(或 MSP)软件和国内梦龙科技开发的 MRPERT(玛梦龙)及清华斯维尔软件开发的智能项目管理软件等。

Microsoft Project 是由微软开发销售的项目管理软件程序。软件设计的目的是协助项目经理发展计划、为任务分配资源、跟踪进度、管理预算和分析工作量。

智能项目管理软件是将网络计划及优化技术应用于建设项目的实际管理中,以国内建筑行业普遍采用的横道图双代号时标网络图作为项目进度管理与控制的主要工具,通过挂接各类工程定额实现对项目资源、成本的精确分析与计算。它不仅能够从宏观上控制工期、成本,还能从微观上协调人力、设备、材料的具体使用。

1.智能项目管理软件的主要特点

(1)超凡标准严格遵循住建部最新颁布的《工程网络计划技术规程》《网络计划技术》等国家标准,提供单起单终、过桥线、时间参数双代号网络图等重要功能。

(2)智能流水、搭接、冬歇期、逻辑网络图等功能能更好地满足实际绘图与管理的需要。

(3)图表类型丰富实用、制作快速精美,充分满足工程项目投标与施工控制的各类需求。

(4)实用的矢量图控制功能、全方位的图形属性自定义、任务样式自定义功能极大地增强了软件的灵活性。

(5)动态真实模拟施工现场任务,清晰表达各种作业关系(开始—开始 SS、完成—开始 FS、开始—完成 SF、完成—完成 FF)以及延迟、搭接、资源消耗、成本费用等任务信息。

(6)方便快捷地进行工程任务分解,建立完整的大纲任务结构和子网络,实现项目计划的分级控制与管理。

(7)兼容微软 PROJECT2000 项目数据,智能生成双代号网络图,最大限度地利用用户已有资源,真正实现项目数据的完全共享。

(8)适应性强满足单机、网络用户的项目管理需求,适应大、中、小型施工企业的实际应用。

2.智能项目管理软件的主要功能

(1)项目管理:以树型结构的层次关系组织实际项目并允许同时打开多个项目文件进行操作,系统自动存盘。

(2)数据录入:可方便选择在图形界面或表格界面中完成各类任务信息的录入工作。

(3)视图切换:可随时选择在横道图、双代号、单代号、资源曲线等视图界面间进行切换,从不同角度观察、分析实际项目。同时在一个视图内进行数据操作时,其他视图动态适时改变。

(4)编辑处理:可随时插入、修改、删除、添加任务,实现或取消任务间的四类逻辑关系,进行升级或降级的子网操作,流水、搭接网络操作,以及任务查找等功能。

(5)图形处理:能够对网络图、横道图进行放大、缩小、拉长、缩短、鹰眼、全图等显示,以及对网络的各类属性进行编辑等操作,也可利用矢量图自绘制图形,每个视图均可以存为 Emf 图形。

(6)数据管理与导入:实现项目数据的备份与恢复以及导入 PROJECT2000 项目数据、各类定额数据库、工料机数据库数据等操作。

(7)图表打印:可方便地打印出施工横道图、单代号网络图、双代号网络图、双代号逻辑时标网、资源需求曲线图、关键任务表、任务网络时间参数计算表等多种图表。

4.3.2 基于 BIM 的进度计划编制

基于 BIM 技术的进度计划不是由某个单独的机构独自完成的,而是由项目具体的建设单位牵头,联合设计方、施工单位、监理单位、各分包单位以及供货单位共同编制该进度计划,形成一个紧密联系的合作团体。在编制进度计划的过程中需要用到地理信息系统(GIS)技术,以此保证项目的现场环境能够全面地整合到计划中,并得到具体分析处理。项目管理者还可以运用虚拟设计与施工(VDC)技术来完善 BIM 模型的建设,即将进度信息输入 BIM 模型当中。并且,依托于 BIM 信息平台这一有效途径,各个部门可以结合自身实际情况实时对施工进度进行信息交流和整合,方便各方尽早发现问题,然后制定有效的措施来解决。在施工现场经常可以看到施工人员使用增强现实工具来查缺补漏,优化方案,方便项目管理者对施工过程的把控。BIM 进度计划编制流程遵循着较为基本的流程,其主要顺序可分为实施总进度计划,然后实施二级进度计划,最后进行周进度计划和日常工作四个层次。

4.3.3 基于 BIM 的项目进度控制分析

在完成基于 BIM 的进度计划后,就步入项目的实施阶段。该阶段主要由跟踪、分析和控制三个方面组成。

1.进度跟踪分析

在项目的进度计划表中,最主要的是考虑施工进度、项目投资以及工程质量等因素,这就需要对项目进度计划进行合理的优化处理。无论是前期编制进度计划还是已经编制好项目进度计划,都需要现场工程师对进度计划有整体的把握。

2.进度偏差分析

在项目的施工过程中,都会根据各活动的持续时间差异对资源分配的情况进行全面的分析,防止出现资源分配不合理的情况,造成资源的浪费和妨碍施工进度按计划进行。通过 BIM 技术下的进度管理系统提供的资源消耗直方分布图、资源分析表、资源的 S 形曲线等图表对资源分配情况进行分析比较。

3.进度纠偏与计划调整

一般而言,在项目的施工过程中往往不会完全按照计划进行,常会出现工作完成滞后、成本超额、资源分配有偏差等情况,所以为了防止这些问题的出现,需要项目管理中定期在 BIM 进度系统中导入每个实际分项的施工进度来与计划进度比较,及时发现问题,根据工程的具体实际情况制定应对措施以纠正存在的偏差,使得项目按照计划进行。但是,对于那些显著偏离原施工计划的分项工程,就需要管理人员重新制订相应的目标计划并调整出合理的编排进度计划,而且更为重要的是及时调整预算费用及资源分配情况,最终达到工程合理进行的目标。

第5章 质量、安全和环境管理

▷ ┈┈┈┈┈┈┈┈┈┈┈┈┈┈┈┈┈┈┈┈

知识目标

了解质量和质量管理的基本概念,掌握装配式建筑质量管理的具体要求及特点;了解基于 BIM 技术的质量管理的优势、技术路线和特点;了解安全和安全管理的基本概念;了解基于 BIM 技术现场的安全监控与预警的系统原理和系统结构;了解基于 BIM 技术不同项目施工阶段的环境管理特点及工作方式。

能力目标

能够在现场进行信息输入和质量问题汇总及反馈;能够进行现场的危险源检查和风险评价,能够进行安全信息输入和功能分析。

思政目标

培养遵守职业道德、精益求精的情操和创新能力。

本章思维导图

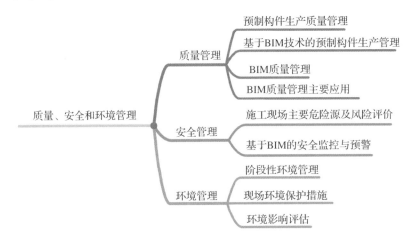

5.1 质量管理

5.1.1 预制构件生产质量管理

装配式建筑和一般整体浇筑建筑在质量控制上有相同之处,在质量验收上也需要遵守标准中的相关规定。但装配式建筑有不同于一般建筑的特点,例如,由于装配式建筑构件在工厂制作(见图 5-1),因此工厂质量控制也是一个重要环节。

图 5-1　预制构件车间

为了确保预制构件质量,构件生产要处于严密的质量管理和控制之下。通过构件生产管理策划可以明确生产过程中的目标计划、管理要求、重点内容、工具方法以及必要的资源支持,为质量管理提供良好的生产组织环境。质量管理的实施要涵盖预制构件生产全过程及其主要特征,诸如原材料采购和进场、混凝土配制、构件生产、码放储存、出厂及运输、构件资料方面。对构件生产过程中的试验检测、质量检测工作制定明确的管理要求,保持质量管理有效运行和持续改进。

预制构件质量管理体系是体现工厂质量保证能力的基本要求,同时也是建设单位、施工单位考察选定预制工厂的重要关注点,具体要求如下:

(1)预制工厂具有相应的资格能力及具备构件生产的软硬件设施条件。

(2)预制工厂建立了完善的质量管理体系,具有保证构件生产质量的经验和能力。

(3)预制构件生产过程应具备试验检测手段。

(4)预制构件制作前,预制工厂应仔细审核预制构件制作详图,通过会审构件图纸来获得构件型号、数量、材料、技术质量要求等详细资料。

（5）预制工厂通过构件生产质量策划，在构件制作前编制预制构件生产制作方案，对于新工厂或新型构件可以通过试制样品验证。

（6）预制工厂应对进场的原材料及构配件进行检验，并制订检验方案，检验合格后方可用于预制构件的制作，这是质量控制的强制性要求。

（7）预制构件经检查合格后，及时标记工程名称、构件部位、构件型号及编号、制作日期、合格状态、生产单位等信息，其质量可追溯性的要求，也是生产信息化管理的重要一环。

5.1.2 基于BIM技术的预制构件生产管理

预制构件生产中需要进行生产作业计划编制、调整等多项决策，还需要对进度、库存、配送等大量信息进行管理。通过将信息化技术、自动化技术、现代管理技术与制造技术相结合，可以改善甚至改变构件生产企业的经营、管理、产品开发和生产等各个环节，实现真正意义上的建筑产业化。

目前，相关企业开始采用企业资源计划（Enterprise Resource Planning，ERP）系统进行生产作业计划及生产过程管理。ERP系统是指建立在信息技术基础上，以系统化的管理思想为企业决策层及员工提供决策运行手段的管理平台。然而基于一般生产过程开发的ERP系统，直接应用于预制构件生产管理存在下列问题：①利用ERP系统进行生产管理时需人工输入大量数据，效率低下且容易出错。②ERP系统智能化程度较低，决策过程依然需要大量的人工干预，且难以考虑预制构件生产特点，导致决策优化程度较低，增加成本、降低效率。③缺乏有效的预制构件跟踪方法，只能通过定期收集的产出信息跟踪生产，生产信息时效性低下，导致生产管理较为被动并难以有效地发现生产中的潜在问题并防止问题扩大化。BIM技术为解决以上问题提供了可能性，ERP系统在生产管理中，通过各构件生产工厂提供的模台情况（包括数量、空置率等），基于合同管理中记录的合同任务量，总公司利用ERP系统合理安排各生产工厂的构件加工计划，并且通过芯片实时反馈的信息进行质量控制，一旦发现状态异常，及时做出处理。通过ERP管理系统与BIM及芯片内集成数据的结合，实现混凝土预制构件生产企业从项目信息、生产管理、库存管理、供货管理到运维管理整条生产链的预制构件信息化集成管理。

MES（Manufacturing Execution System，MES）系统是制造执行系统的简称，是一套面向制造企业车间执行层的生产信息化管理系统。在混凝土构件生产企业，可以利用RFID芯片技术将MES系统与ERP系统连接，记录每一块PC构件基本信息，并在平台上实现信息查询与质量追溯，为政府监管单位提供实际抓手，提高平台自身在PC产业的权威性和专业性。根据公司ERP系统反馈的生产计划，工厂利用MES系统完成每日生产计划安排，技术人员每日从系统内调取当日生产计划，打印对应编号的RFID芯片，并且做好备料准备。如果MES系统显示物料不全或不足，管理人员应当及时列出缺料明细，并且联系采购部门，避免出现生产订单下达后却因缺失材料而无法生产的情况。在构件生产过程中，质检人员通过相关设备登录工厂MES系统进行各生产环节的信息记录，确保质检实际情况，并与ERP系统进行联动，实现信息共享。若发现问题，技术质量部可通过MES系统及时做出处理。在库存管理过程中，根据ERP系统下发的库存管理信息进行构件堆放，出库时及时扫描芯片，并同步将信息录入两个系统中。

基于 BIM 的信息化管理平台,生产管理人员将生产计划表导入 BIM 协同管理平台根据构件实际生产情况对平台中的构件数据进行实时更新,分析生成构件的生产状态表和存储量表,根据生产计划表和存储量表对构件材料的采购进行合理安排,避免出现材料的浪费和构件生产存储过多导致场地空间的不足问题。

其中比较有代表性的中建科技装配式智慧工厂信息化管理平台,集成了信息化 BIM、物联网、云计算和大数据技术,面向多装配式项目、多构件工厂,针对装配式项目全生命周期和构件工厂全生产流程进行管理,目前主要包括如下几个管理模块:企业基础信息、工厂管理、项目管理、合同管理、生产管理、专用模具管理、半成品管理、质量管理、成品管理、物流管理、施工管理、原材料管理。平台主要有如下功能和特点:

1. 实现了设计信息和生产信息的共享

平台可接收来自 PKPM－PC 装配式建筑设计软件导出的设计数据,如项目构件库、构件信息、图纸信息、钢筋信息、预埋件信息、构件模型等,实现无缝对接。平台和生产线或者生产设备的计算机辅助制造系统进行集成,不仅能从设计软件直接接收数据,而且能够将生产管理系统的所有数据传送给生产线或者某个具体生产设备,使得设计信息通过生产系统与加工设备信息共享,实现设计、加工生产一体化,无须构件信息的重复录入,避免人为操作失误。更重要的是,将生产加工任务按需下发到指定的加工设备的操作台或者 PLC 中,并能根据设备的实际生产情况对管理平台进行反馈统计,这样能够将构件的生产领料信息通过生产加工任务和具体项目及操作班组关联起来,从而加强基于项目和班组的核算。若废料过多、浪费高于平均值给予惩罚,若低于平均值则给予奖励,从而提升精细化管理,节约工厂成本。

生产设备分为钢筋生产设备和 PC 生产设备两大类。管理平台已经内置多个设备的数据接口,并且在不断增加,同时考虑到生产设备本身的升级导致接口版本的变更,所以增加"设备接口池"管理,在设备升级时,接口能够通过系统后台简单的配置就能自动升级。

2. 实现了物资的高效管理

平台接收构件设计信息,自动汇总生成构件物料清单(Bill of Material,BOM),从而得出物资需求计划,然后结合物资当前库存和构件月生产计划,编制材料请购单,采购订单从请购单中选择材料进行采购,根据采购订单入库。材料入库后开始进入物资管理的核心环节——出入库管理。物资出入库管理包括物资的入库、出库、退库、盘点、调拨等业务,同时各类不同物资的出入库处理流程和核算方式不同,需要分开处理。物资出入库业务和仓库的库房库位信息进行集成,不同类型的物资和不同的仓库关联,包括原材料仓库、地材仓库、周转材料仓库、半成品仓库等。物资按项目、用途出库,系统能够实时对库存数据进行统计分析。

物资管理还提供了强大的报告报表和预告预警功能。系统能够动态实时生成材料的发存明细账、入库台账、出库台账、库存台账和收发总账等。系统还可以按照每种材料设定最低库存量,低于库存底线便自动预警,实时显示库存信息,通过库存信息为采购部门提供依据,保证了日常生产原材料的正常供应,同时使企业不会因原材料的库存数量过多而积压企业的流动资金,从而提高企业的经济效益。

3. 实现构件信息的全流程查询与追踪

平台贯穿设计、生产、物流、装配四个环节,以 PC 构件全生命周期为主线,打通了装配式建筑各产业链环节的壁垒。基于BIM的预制装配式建筑全流程集成应用体系,集成PDA、RFID及各种感应器等物联网技术,实现了对构件的高效追踪与管理。通过平台,可在设计环节与BIM系统形成数据交互,提高数据使用率;对PC构件的生产进度、质量和成本进行精准控制,保障构件高质高效地生产,实现构件出入库的精准跟踪和统计;在构件运输过程中,通过物流网技术和GPS系统进行跟踪、监控,规避运输风险;在施工现场,实时获取、监控装配进度。

5.1.2 BIM 质量管理

1.BIM 技术对质量控制的优势

在信息化管理大势所趋下,BIM技术成为信息化的重要技术支撑,基于BIM技术的质量控制是未来的发展趋势。

BIM技术在质量控制上有着众多优势,特别是在分析复杂项目质量管理上优势特别明显:

(1)随着业主对建设质量要求越来越高,施工过程的质量控制成为整个项目质量控制的核心,而施工企业是施工过程质量控制的重要实施主体,BIM技术对施工企业的质量控制作用极大。

(2)现代建设项目呈现出日益复杂化、规模大、周期长的特点,传统质量管理思想陈旧,质量控制的协同性较差,信息分割且传递不及时,不具有可视化等缺点,而且多是依据经验决策,缺乏科学性和精确性,而BIM技术恰能解决以上问题。

(3)BIM技术在城市地标性建筑中多有应用,实践案例已充分表明BIM技术的巨大价值。

(4)BIM技术是建筑业信息化发展的重要技术支撑,BIM技术的顺利应用要有与新技术相符的组织结构、人员配置、质量管理流程等作为保障。技术的进步将产生新的组织模式和管理方式,将长期影响人们对项目质量管理的思维模式。

当然,应用BIM技术不意味着排斥传统方法,兼容传统方法才能实现基于BIM技术项目质量控制的成功应用。建筑业具有海量的数据,而这些数据在传递过程中容易大量丢失,没有丢失的部分多堆积在一起不能充分利用。信息化是建筑业的发展趋势,采用BIM技术是大势所趋。

2.基于BIM 实施的质量管理技术路线

传统的PDCA质量管理方法提供了非常清晰的思路和流程,但质量管理信息在实际操作中做到协调共享的难度大,在传递信息过程中也会存在信息缺失,管理起来困难。随着信息技术和互联网技术的快速发展,BIM技术使建筑行业实现了建筑信息化。根据BIM可视化、协调性和模拟性等特点,国内对于BIM技术的研究大多还是停留在成本和进度模拟等应用上,将BIM技术与质量管理相结合的研究较少。本章将采取适当方法把BIM技术与质量管理相互关联起来,实现BIM技术在质量管理中的应用,以提高建筑工程项目质量管理的水平。

随着国家对建筑行业的大量投入,工程项目也越来越复杂,这给施工企业在项目的管理上提出了更高的要求,精细化管理贯穿于质量管理全过程。传统的质量管理模式主要基于项目的各种纸质资料,信息冗杂,管理人员需从大量的信息中分析选择,在信息传递与交流过程中容易造成信息缺失,给项目管理带来巨大的困难。近几年,BIM 技术的发展已相当成熟,成功地运用到建筑项目的各个阶段,实现了 BIM 的应用价值。根据已有的项目经验,结合本项目的特点,建立起 BIM 技术在该项目的质量管理应用流程(见图 5-2)。在保证项目顺利实施和满足项目对质量管理使用要求的条件下,提出了基于 BIM 技术项目参数(见图 5-3)和基于 BIM 技术外接数据库(见图 5-4)的两种质量管理方法。将 BIM 技术应用在项目的质量管理当中,实现管理效率的最大化,提高管理的水平,同时可以给予同行借鉴。

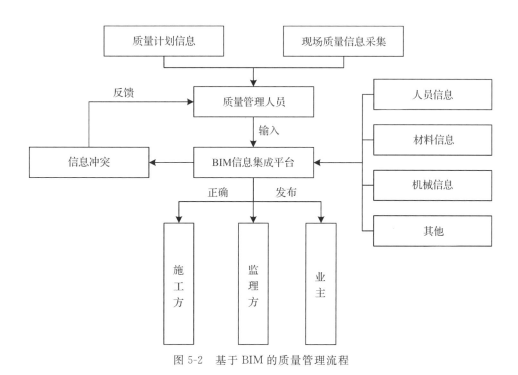

图 5-2 基于 BIM 的质量管理流程

图 5-3 基于 BIM 技术项目参数质量管理路线

图 5-4 基于 BIM 技术外接数据库质量管理路线

3.BIM 质量管理系统的特点

在技术层面主要从信息传输、加工、使用三个方面来比较 BIM 与传统项目管理系统的区别。建筑项目参与方较多,信息输入多停留在本部门或者单体工程的界面,易形成质量信息孤岛;整体工程的相互传输不及时,阻碍了整个工程的信息统计汇总。

建筑行业是大数据行业,工程的图纸、文件、资料等质量文档一般以纸质的形式保存,由于电子文件格式繁多,没有统一的数据接口,因而无法随时查询工程质量信息,影响了质量管理信息的使用效率。BIM 质量信息传输更加快速,直接将质量信息关联到 BIM 模型。项目各参与方通过 BIM 信息平台,在一定的权限范围内可查看质量信息,为协同管理及集成管理提供支撑,通过友好的人机交互界面及动态的系统管理,实现强大的人机对话功能。

BIM 管理系统综合 BIM 技术、人工智能、工程数据库、虚拟现实、网络技术、扫描技术等,并结合建筑项目实际需要和规范要求进行开发设计。BIM 管理系统具有以下特点:①应用了 4D 施工管理模型(三维建筑信息模型添加时间信息),实现项目优化控制和可视化管理,为确保工程质量提供了科学有效的管理手段,更注重事前控制;②应用了可视化技术,能提供建筑构件的空间关系、进度运行情况及随进度形成的质量信息;③应用了网络化和数字通信技术,方便项目各参与方的沟通协调,使原先错综复杂的关系更加有序,实现远程控制。

BIM 技术在施工过程中的质量控制的最大优点就是提高了施工单位项目部内部员工间对实时质量信息的沟通效率,而且大大改善了施工单位与其他项目参与方的沟通机制。比如,施工单位项目部的质量员发现问题形成文档找班组长,班组长找操作人员进行整改,需要的时间较长而且比较烦琐。基于 BIM 的沟通,可随时随地地查看质量信息,通过移动端就能要求整改并上传质量信息,项目负责人只需打开相关的系统或软件就能实时查阅质量信息及发送指令,便于远程控制。

5.1.3　BIM 质量管理主要应用

1.技术交底

根据质量通病及控制点,重视对关键、复杂节点,防水工程,预留、预埋,隐蔽工程及其他重难点项目的技术交底。传统的施工交底是以二维 CAD 图纸为基础,然后进行空间想象。但人的空间想象能力有限,不同的人员想法也不一样。BIM 技术针对技术交底的处理办法是:利用 BIM 模型可视化、虚拟施工过程及动画漫游进行技术交底,使一线工人更直观地了解复杂节点,有效提升相关人员的协调沟通效率,将隐患控制到最低。

2.质量检查比对

质量检查比对首先要现场拍摄图片,通过目测或实量获得质量信息,将信息关联到 BIM 模型,把握现场实际工程质量;根据是否有质量偏差,落实责任人进行整改,再根据整改结果核对质量目标,并存档管理。

3.碰撞检测及预留洞口

上建 BIM 模型与机电 BIM 模型,在相关软件中进行整合,即可进行碰撞检查。在集成模型中可以快速有效地查找碰撞点。如在大红门 16 号院项目中,共发现了 952 个碰撞点,其中严重碰撞 13 个,需要建筑、结构、机电三个专业调整设计。在青岛华润万象城项目的大型商业综合体中,BIM 小组将标准尺寸。四层办公区现场施工情况的施工电梯和塔式起重机组,放入整体结构模型,导入塔式起重机和施工电梯二维布置定位图,完成结构绘制,然后导入 Navisworks。相关责任人根据 BIM 模型直观地审视方案布置的可行性、合理性,规避时间、空间不足,实现方案优化。利用 BIM 技术可以在施工前尽可能多地发现问题,如净高、构件尺寸标注漏标或不合理、构件配筋缺失、预留洞口漏标等图纸问题。而在施工之前,可提前发现碰撞问题,有效地减少返工,避免质量风险。

5.2　安全管理

5.2.1　施工现场主要危险源及风险评价

危险源是指在一个系统中,具有潜在释放危险的因素,一定的条件下有可能转化为安全事故发生的部位、区域、场所、空间、设备、岗位及位置。为了便于对危险源进行识别和分析,可以根据危险源在事故中起到的作用不同分为第一类危险源和第二类危险源。

第一类危险源是指生产过程中存在的,可能发生意外释放的能量或有害物质;第二类危险源是指导致约束能量或有害物质的限制措施破坏或失效的各种因素,主要包括物的故障、人的失误和环境因素等。

建筑工程安全事故的发生,通常是由这两类危险源共同作用导致的。根据引起事故的类型将危险源造成的事故分为 20 类,其中建筑工程施工生产中主要的事故类型有高空坠落、物体打击、机械伤害、坍塌事故、火灾和触电事故。而事故发生的位置主要有洞口和临边、脚手架、塔式起重机、基坑、模板、井字架和龙门架、施工机具、外用电梯、临时设施等。

建筑工程安全风险评价是指评估施工过程中危险源所带来的风险大小并确定风险是否容许的全过程,危险源的评价应该考虑发生的可能性和发生后可能产生的后果两个因素。通过对建筑工程施工阶段的危险源进行安全风险评价和分级,制订安全风险控制计划,实现项目制定的安全目标。建筑工程项目施工阶段的安全风险最终表现形式是安全事故,安全风险控制的目的是避免安全事故的发生。

危险源安全风险评价方法主要有定量风险评价法(如概率风险评价法)和定性风险评价法(如作业条件危险性评价法)。

(1)概率风险评价法。概率风险评价法是指安全风险的大小(R)取决于各种可能风险发生的概率(p)和发生后的潜在损失(q),即 $R=f(p,q)$。根据估算结果,可对风险的大小进行分级。其中 1 代表可忽略风险,2 代表可容许风险,3 代表中度风险,4 代表重大风险,5代表不容许风险,如表5-1所示。

表 5-1　风险等级表

概率/后果	轻度损失	重度损失	重大损失
很大	3	4	5
中等	2	3	4
极小	1	2	3

建筑工程施工阶段安全风险评估内容有三个:保证安全生产的成本投入;安全生产事故造成的直接损失;安全生产事故造成的间接损失。评估应结合定性和定量风险分析,对建筑施工过程中安全风险可能发生的概率和后果进行评价,根据分析结果和风险特征制订具体的风险控制措施。

(2)作业条件危险性评价法。作业条件危险性评价法,是要把评价的施工环境和参数对比取值,来判断作业环境的危险分值(D)。

$$D=L\times E\times C$$

式中:L——发生事故可能性大小;

E——人体处于危险环境频繁程度;

C——发生事故可能造成的后果。

L取值:绝对不可能的事故发生概率为0,但从系统安全角度考虑,通常将可能性极小的事故分数定为0.1,可能性最大的事故分数定为10,其他取值为0.1~10。

E取值:根据处于危险环境的频繁程度不同,最大定为10,最小定为0.5,两者之间再定出若干个中间值。

C取值:根据事故造成的后果严重程度,把需要救护的轻微伤害分数值定为1,造成多人死亡的值定为100,其他情况取值在两者之间。

危险等级是依据经验划分的,并非固定不变。不同时期应结合实际情况加以修正,以确保评价结果能真实反映危险状况等级。

(3)安全检查表法。安全检查表法就是把要评估的过程展开,列出各层次的不安全因素,确定检查项目,以提问的方式把检查项目按顺序编制成表进行检查评审。

(4)专家评估法。专家评估法就是将熟悉项目的技术、管理人员和经验丰富的安全工程专家组成评审小组,评价出对本工程项目施工安全有重大影响的重大危险源。

5.2.2　基于BIM的安全监控与预警

1.系统原理

RFID即无线射频识别技术,是一种非接触式的自动识别技术,用于信息采集,通常由读写器、RFID标签组成。RFID标签防水、防油,能穿透纸张、木材、塑胶等进行识别,可储存多种类信息且容量可达数10MB以上。因此,RFID标签十分适合应用于施工现场这种比较恶劣复杂的环境。利用 RFID 技术标记重型装备和工人安全设备,当工人和设备进入危险工作领域将触发警告并立即通知工人及相关管理者,增强现场人员管理。跟踪现场工具可以实现施工作业现场安全管理。利用 RFID 构建施工现场安全监管系统,以虚拟检查员强化安全检查功能,能提升施工现场全天候、全方位的动态即时监控和灾害预防能力。

BIM 通过项目全寿命周期不同阶段的信息集成、管理、存储、交换、共享,支持各阶段不同参与方之间的信息交流和共享,实现项目设计、施工、运营、维护效率及质量的提升。在施工现场安全监控上,BIM 三维可视化和分析、安全控制和监控潜在危险上实例验证效果显著。随着时间进程,利用 BIM 4D 模型进行结构冲突碰撞等安全分析,可以对施工过程的安全问题进行管理和预警。针对建筑施工结构安全管理,基于 BIM 4D(四维)技术和时变结构分析理论的安全分析,构建时变结构安全分析模型,可以解决时变结构连续动态的全过程分析问题,使得分析结果三维可视化。

RFID 与 BIM 集成原理在于 RFID 标签信息通过应用程序接口与 BIM 进行信息交互。如图 5-5 所示,RFID 标签信息作为 BIM 数据库的分布数据库,在设计阶段就将对象的特定信息(ID、工作区域等信息)添加到 BIM 数据库中。过程中随着标签的不断扫描,信息不断更新并与 BIM 交互,便可以实时可视化呈现对象位置等信息,并自动存储,循环形成 BIM 数据库。

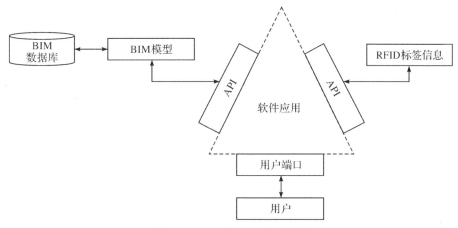

图 5-5　RFID 与 BIM 集成框架

RFID 与 BIM 的集成运用在施工安全监控中,通过对施工现场的监控对象(如人、材、机械、建筑构件)附着相应的 RFID 标签(标签信息预先定义并添加到 BIM 中),标签信息随着读写器连续扫描后通过网络传输到 BIM 并及时在 BIM 3D/4D 模型中可视化动态呈现对象的安全状态。现场监控中心和各参与方管理人员(无须到达现场)便通过BIM 模型可实时进行全程监控、在线沟通、协同处理,实现高效全面的安全监控。RFID与 BIM 的集成运用于施工现场安全监控原理如图 5-6 所示。

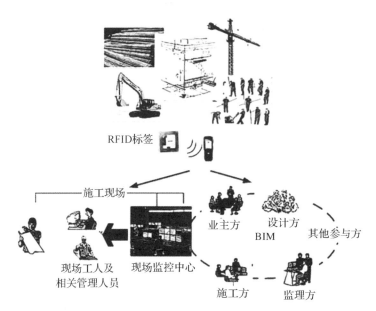

图 5-6 基于 RFID 与 BIM 的集成运用于施工现场安全监控原理

2.系统结构

(1)信息采集层

信息采集主要是通过相关软件技术来搜集建筑施工过程中的数据资料,进一步了解施工进度以及相关安全防护细节。它主要分为三个步骤,分别是设计标签、准备工具和实施。

(2)信息处理层

通过上个阶段采集来的信息,进一步对信息进行加工处理。其主要通过扫描 RFID 标签传入计算机中的 BIM 模型中,根据施工过程中发生的具体事件,如周围环境变化、参数设置、施工进度等进行。在施工项目管理过程中,相关负责人员对现场施工的每个角度、每个细节都要进行仔细检查,以免留下安全隐患,在检查过程中,一旦发现存在安全隐患时,BIM 模型就会发出安全警报,相关工作人员就要及时查找原因,同时在危险区域附近设置黄色警示牌,提醒他人请勿靠近以免人身安全遭到威胁。现场应有管理人员维持秩序,并及时制定应对措施加以解决。

(3)信息应用层

上一阶段加工整理的信息,逐渐进入信息应用的层面,同时这也是建筑施工过程中比较关键的一个阶段。这个阶段开始于项目实施前,主要发生在信息加工处理阶段后,它的主要运行是:通过相关工作人员的交流沟通,对于施工项目中的安全问题进行全方位、多方面的仔细检测排查,避免重大安全事故的发生。接下来就是 BIM 模型的构建。通过相关技术对建筑的施工过程进行模拟,进一步分析可能会出现的安全问题。最后就是利用 BIM 技术模型对建筑的整体结构框架进行检测,确保整个施工项目的工作人员的安全。在施工项目的进程中最重要的就是监控阶段了,在这个阶段首先要设计好标签,通过 BIM 技术的可视化功能,最终形成一套系统化、科学化的安全防护体系。

3.安全系统划分

（1）安全培训系统

利用BIM技术建立4D安全模型，在项目施工前，通过对施工过程的仿真模拟，提前发现施工过程中的安全风险以及可能会出现的安全问题，划分安全风险区域等级，明确项目管理者、安全管理人员和具体的施工作业工人的安全责任和义务，对事故过程中的安全风险了然于胸，据此可以对施工人员进行安全培训，让其学习操作规范、流程、标准等安全知识，增强安全意识，防止安全事故发生。在安全培训时，对安全事故发生频繁的施工现场进行模拟，建立对应的BIM模型，在各建筑工人、机械设备、构件上安装RFID标签，通过模拟施工的方式直观、有效地进行新员工的安全培训。

（2）安全监控系统

按照建筑业安全事故发生的不同类型，建立相应的安全监控系统，主要包括高处坠落监控系统、物体打击监控系统、机械伤害监控系统、坍塌监控系统、触电监控系统、火灾事故监控系统、中毒事故监控系统。

安全监控系统可以通过RFID技术、无线传感器网络（Wireless Sensor Networks，WSN）技术获取相应的实时位置信息、对象属性信息以及环境信息。RFID技术收集数据信息可以有效跟踪施工现场的工人、材料、机械设备等，并在安全监控系统中反映出三维位置信息，监控建筑现场的施工过程。一旦人、施工机械进入安全危险区域或者模板支撑体系、脚手架出现安全隐患可以立即发现，并在安全预警系统中发出预警信号，及时采取应对措施，有效地降低安全事故发生的可能性。

（3）安全预警系统

安全预警系统应该满足以下三种功能要求：安全警报发送系统、安全警报的反馈系统和安全模型更新机制。一旦出现发生安全事故的可能性超过预警值，建设项目安全管理系统便会运用安全警报发送系统，通过广播、警报器或者实时通信技术，第一时间将危险信号传递给相关人员，进入危险区域的施工工人收到警报后，观察并确认周边是否存在安全隐患，通过安全警报的反馈系统确认危险警报，采取相应保护措施。当安全系统的安全规则与现场施工的具体情况出现偏差时，需要通过安全模型的更新机制及时对安全模型进行更新。例如，施工人员对某一个洞口安装临时防护装置时，调整过程不应该发送警报，防护装置安装完成后应该对安全模型中此洞口进行相应的风险等级调整，安装工人的风险权限也应相应调整。

（4）安全应急系统

安全应急系统主要包括安全事故分析报告、安全事故相关案例、安全事故处理机制和安全事故报警系统。一旦发生安全事故，安全应急系统的最大作用和目的是使安全事故所造成的危害和损失降到最低。结合BIM安全系统中的安全事故相关案例以及BIM数据库，自动生成安全分析报告，提出安全事故的应急处理机制，当事故现场不可控时，及时报警。

例如，当建筑施工现场发生火灾，火灾现场瞬息万变，依据RFID提供的施工人员的实时位置信息，迅速提供逃离火灾现场的逃生路线，或为救援人员提供被困人员准确的位置信息。

5.3 环境管理

5.3.1 阶段性环境管理

建筑工地作为城市对外形象的缩影,能在一定程度上反映城市的综合管理水平,随着中国城市化发展,一直非常重视建筑工地管理,然而工程施工的特点决定了该行业对现场周边环境的影响较大。如何有效实施工地现场的环境管理,降低声光尘等污染,是城市建筑工地精细化管理中必须解决的关键问题。

1.项目施工前期

利用 BIM 技术的可视化特性,可在项目施工前直观展示建成效果,提前发现各类问题,提前验证运行管理方案,通过巡检路线模拟,检验厂区管理方案的合理性,在扩建工程完成前向厂区管理人员提供重要的工作参考,帮助厂区平稳接受新建产能,尽快实现稳定运营。

2.项目施工阶段

BIM 技术在项目实施阶段能够进行碰撞检查、三维深化设计、施工方案优化等一系列应用,通过 BIM 技术剪力三维信息模型,帮助项目实施策划,安排管道施工流水,压缩停产改造工期,管理设备进场安装,有效提高现场管理效率。

建筑施工过程中不可避免会产生很多固体废弃物、废水、有毒有害气体以及扬尘、噪声等,将 BIM 模型和 Google Earth 结合起来,分析施工现场所处的地理环境和周边情况,采取相应措施,减少或排除污染,同时利用 BIM 模型的信息平台,统计出会造成环境污染的相关工作,统一进行管控,实现绿色施工。

3.项目竣工运维

信息化传递项目数据,对接智慧管理平台 BIM 信息模型的信息化特性,使项目信息能更完整地向运维阶段传递,通过将 BIM 信息模型与运维平台数据链接,让运维平台获得立体化的数据基础,通过构件 BIM 信息化模型,为厂区未来的智慧管理打下了基础,帮助现场有序展开施工并为对接信息化管理平台做好准备。

5.3.2 现场环境保护措施

(1)在装配式建筑工程施工过程中,应建立健全环境管理体系,建立环境保护、环境卫生管理和检查制度,并应做好检查记录。对现场作业人员的教育培训、考核应包括环境保护、环境卫生等有关法律法规的内容。

(2)施工期间对施工噪声进行严格控制,减少人为施工噪声,以减少对周边环境的影响。若需夜间施工的,应办理夜间施工许可证明,并对外公示。

（3）模板、脚手架、临时支撑在支设、拆除和搬运时,必须轻拿模板;钢管修理时,禁止使用大锤。

（4）尽量避免或减少施工过程中的光污染。夜间室外照明灯应加设灯罩,透光方向集中在施工范围。电焊作业采取遮挡措施,避免电焊弧光外泄。

（5）严防污染源的排放,现场设置污水池和排水沟,对废水、废弃涂料、胶料统一进行处理,严禁直接排放于下水管道内。

（6）预制构件标识应采用绿色水性环保涂料或塑料贴膜等可清除的涂料或贴膜。

（7）混凝土外加剂、养护剂的使用,应满足环境保护和人身安全的要求。涂刷模板隔离剂时,宜选用环保型隔离剂,并防止洒漏。含有污染环境成分的隔离剂,使用后剩余的隔离剂及其包装等不得与普通垃圾混放,并应由厂家回收处理。

（8）装配式建筑施工现场的主要道路必须进行硬化处理,土方应集中堆放。裸露场地和集中堆放土方应采取覆盖、固化或绿化等措施。施工现场土方作业应采取防止扬尘措施。预制构件运输过程中应采用减少扬尘措施。

（9）不可循环使用的建筑垃圾,应集中收集,并及时清运至规定的地点。可循环使用的建筑垃圾,应加强回收利用。

（10）建筑结构内的施工垃圾清运,采用搭设封闭式专用垃圾道输,或采用容器吊运或袋装,严禁凌空抛撒。施工垃圾应及时清理,并适量洒水,减少污染。

（11）施工现场内严禁焚烧各类废弃物。

5.3.3　环境影响评估

众所周知,在拆除装配式建筑过程中,难免会对拆除作业区附近环境造成不同程度的影响。因此,利用 BIM 技术中的仿真模拟功能,结合 GIS 对建筑外环境的空间管理对拆除建筑及周围环境的数据信息进行整合,快速生成拆除建筑内部环境和周围外部环境模型,随后对拆除过程进行模拟,对所产生的粉尘情况进行分析。随后,相关人员可根据分析结果来对拆除方案进行优化,同时制定出更为有效的粉尘防范措施,进一步控制粉尘的浓度,最大限度地减少拆除作业对周边环境的影响。

通过 BIM 结合相关专业软件应用,可以进行建筑的热工分析、照明分析、自然通风模拟、太阳辐射分析等,为环境影响评估提供定量分析的数据。建设项目的环境评价主要包含以下几个方面:

1.日照与遮挡分析

利用日照模拟软件进行三维日照分析并生成日照计算系统,通过该系统可以直接生成三维空间中任意一点被遮挡的情况。日照计算系统直接计算出任意一点在给定时刻的太阳高度角、太阳方位角、太阳赤纬角、当天日照时间、全年日照时间以及年平均照跟时间等,这不仅能够精确地使设计的建筑日照间距满足规定要求,还能进行遮挡分析及遮阳件的优化。

2.声分析

通过对声波线和粒子进行可视化分析,从而对整个建设项目进行声环境分析,为室内音质评价的综合分析提供数据基础。

3.热环境分析

利用热环境分析软件提供的逐时度分析、逐时得热/失热分析、逐月不舒适度分析、温度分布分析、被动组分得热分析、逐月度日分析、全年负荷分析、能耗分析、空间舒适度分析等,可对建设项目前期的能耗做大致的分析。

4.光环境分析

利用光环境分析软件能够进行自然采光分析和人工照明分析。自然采光分析能够模拟某时刻室内空间工作面上的自然采光照度,并与规范规定值进行比较分析,判断是否能满足要求。人工照明分析主要是为了获得良好的光眠环境和将照明能耗降到最低。

BIM 可持续(绿色)分析软件可以使用 BIM 模型的信息对项目进行日照风环境、热工、景观可视度、噪声等分析,主要软件有国外的 Echotect、IES、Green building Sudio 以及国内的 PKPM 等。这几种软件的对比如表5-2所示。

表 5-2　BIM 环评工具及其对比

软　件	开发公司	简　介	功能与不足
Ecotect	Autodesk	从概念设计到详细设计环节的建筑可持续设计及分析工具,可在建筑初步设计阶段反馈直观的数据和表,便于设计师从早期就进行控制	功能:热工性能及能耗模拟、建筑通风分析、光环境分析、日照和遮挡分析、声环境分析、建筑造价分析。 不足:分析过程不透明,不对有误的 XML 文件进行检查,分析时间较长
Green Building Studio	Autodesk	基于 Web 服务的建筑性能分析工具	功能:热环境、光环境、碳排放、造价等多方面分析,提供 LEED 日照评分,应用基于 Web,相对于个人电脑计算速度非常快 不足:运行大型文件程序不稳定,无法设置详细的分析条件,需要网络连接
IES	IES	通过建立一个三维模型来进行各种建筑功能分析,减少了重复建模的工作,保证了数据的准确、工作的快捷	功能:采暖、制冷负荷、建筑空调系统模拟,日照分析,运行费用分析等多项建筑性能分析,有组织性地输出文件集成生命周期造价分析,提供 LEED 日照评分。 不足:不同分析方法间结论不一致,模型查看功能薄弱
PKPM	中国建筑科学研究院	与国内现行的建筑节能设计规范联系紧密	功能:集建筑、结构、设备(给排水、采暖、通风空调、电气)设计于一体。 不足:软件功能有限,建筑物信息模型太粗糙,导致其分析计算结果与建筑实际能耗存在较大差异

在建筑寿命末期的拆迁阶段,通过基于 BIM 数据库的可视化工具能够识别施工和拆除中的废物垃圾。这些数据可以让实践者在进行实际的拆迁或更新之前制定更加合理和有效的物料回收计划。同时,基于 BIM 技术可以建立能够提取建筑信息模型中每个选定元素的体积和材料的系统,该系统可以包含详细的废物垃圾信息。这些信息可用于预测所需卡车的数量、运输行程和法定废物垃圾的处理费用,同时也可以用于评估各种建筑物结构方案在经济和环境效益方面的影响,比如最小化碳排放和能源消耗方面的影响。

第6章 成本管理

知识目标

了解工程建设项目 BIM 造价管理的基本概念,熟悉工程项目成本;掌握 BIM 工程量计算与工程计价;了解 BIM 的进度与造价的协同优化;了解基于 BIM 的施工过程成本管理。

能力目标

具备利用 BIM 技术进行工程量计算和工程计价的能力,能够利用 BIM 技术进行成本优化。

思政目标

培养学生的成本意识,理解专业伦理,具有较强的职业道德和社会责任感,并培养持续学习的习惯和能力。

本章思维导图

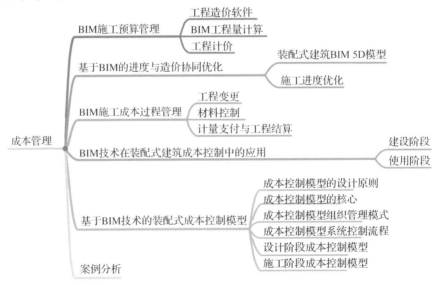

6.1 BIM 施工预算管理

6.1.1 工程造价软件

工程造价软件已经在我国的建筑企业中普遍使用,并且应用深度也不断增加。软件供应商也非常多,主要包括广联达、鲁班、神机、品茗、清华斯维尔等。工程造价基础性软件主要包括两大类:计价软件、工程量计算软件。这些软件主要完成造价的编制和工程量计算等基础性工作。一般的应用模式是利用相关图形(建筑、钢筋和安装等)工程量计算软件进行工程量的计算,并导入工程计价软件,再根据计价模式(定额计价和清单计价)的不同,进行工程价格计算。

围绕基础的造价软件,还有一些辅助性的造价软件,例如工程造价审核、工程对量、工程结算管理等。工程造价系列软件的发展大大提高了工程造价管理的工作效率,人们在享受计价软件提供便利的同时,随着科技的发展和业务要求的不断提高,对工程计价的期望值也不断提升。

6.1.2 BIM 工程量计算

工程量计算耗时最多,也是一个基础性工作。它不仅是工程预算编制的前提,也是工程造价管理的基础。只有准确的工程量统计,才能保证投标、合同、变更、结算等造价管理工作有序高效进行。现行的工程量统计工作存在着一些问题。

首先,预算人员工作强度普遍过大。工程量计算是工程造价管理工作中最烦琐、最复杂的部分。计算机辅助工程量计算软件的出现,确实在一定程度上减轻了概预算人员的工作强度。目前,市场主流的工程量计算软件的开发模式,大致分两类:一类是基于自主开发的二维图形平台;另一类是基于 AutoCAD 的三维图形平台进行二次开发。但不论哪种平台都存在三维渲染粗糙和图纸需要手工二次输入两个缺陷,概预算人员往往需要重新绘制工程图纸来进行工程量的计算。

其次,工程量计算精度普遍不高。由于在利用工程量辅助计算软件时,工程图纸数据输入及工程量输出时,手工操作所占比例仍然过大,同时对于较复杂的建筑构件描述困难,而且缺乏严谨的数学空间模型,计算复杂建筑物时容易出现误差,工程量精度无法达到恒定水准。

最后,工程量计算重复烦冗。建设项目各相关方需要对同一建设项目工程量进行流水线式的重复计算,上下游之间的模型完全不能复用,往往需要重新建模,各方之间还需要对相互间的工程量计算结果进行核对,浪费大量的人力物力。

BIM 是一个包含丰富数据面向对象的具有智能化和参数化特点的建筑设施的数字化表示。BIM 中的构件信息是可运算的信息,借助这些信息计算机可以自动识别模型中的不同构件,并根据模型内嵌的几何和物理信息对各种构件的数量进行统计。BIM的这种特性,使得基于BIM的工程量计算具有更高的准确性、快捷性和扩展性。

1.基于三维模型的工程量计算

BIM技术应用强调信息互用,它是协调和合作的前提与基础。BIM技术信息互用是指在项目建设过程中各参与方之间、各应用系统之间的项目模型信息能够进行交换和共享。三维模型是基于BIM技术进行工程量计算的基础,从BIM技术应用和实施的基本要求来讲,工程量计算所需要的模型应该是直接使用设计阶段各专业模型。然而,在目前的实际工作中,专业设计对模型的要求和依据的规范等与造价对BIM模型的要求不同。同时,设计时也不会把造价管理需要的完整信息放到设计BIM模型中去。所以,设计阶段模型与实际工程造价管理所需模型存在差异。这主要包括:

(1)工程量计算工作所需要的数据在设计模型中没有体现,例如,设计模型没有内外脚手架搭设设计。

(2)某些设计简化表示的构件在算量模型中没有体现,例如,无法做索引表等。

(3)算量模型需要区分做法而设计模型不需要,例如,内外墙设计在设计模型中不区分。

(4)设计BIM模型软件与工程量计算软件的计算方式有差异,例如,在设计BIM模型构件之间的交汇处,默认的几何计算扣减处理方式与工程量计算规则所要求的扣减规则是不一样的。

因此,造价人员有必要在设计模型的基础上建立算量模型。一般有两种实施方法:其一,按照设计图纸或模型在工程量计算软件中重新建模;其二,从工程量计算软件中直接导入设计模型数据。对于二维图纸而言,市场流行的BIM工程:工程量计算软件已经能够实现从电子CAD文件直接导入的功能,并基于导入的二维CAD图建立三维模型。对于三维设计软件,随着IFC标准的逐步推广,三维设计软件可以导出基于IFC标准的模型,兼容IFC标准的BIM工程量计算软件可以直接导入,造价工程师基于模型增加工程量计算和工程计价需要的专门信息,最终形成算量模型。

从目前实际应用来讲,在基于BIM技术工程量计算的实际工作过程中,由于设计包括建筑、结构、机电等多个专业,会产生不同的设计模型或图纸,这导致图纸工程量计算工作也会产生不同专业的算量模型,包括建筑模型、钢筋模型、机电模型等。不同的模型在具体工程计算时是可以分开进行的,最终可以基于统一IFC标准和BIM图形平台进行合成,形成完整的算量模型,以支持后续的造价管理工作。例如,钢筋算量模型可以用于钢筋下料时钢筋切断的加工,便于现场钢筋施工时钢筋的排放和绑扎。总之,算量模型是基于BIM技术的工程造价管理的基础。

2.工程量自动计算

BIM模型是参数化的,各类构件被赋予了尺寸、型号、材料等的约束参数;同时模型构件对于同一构件的构成信息和空间、位置信息都精确记录。模型中的每一个构件都与显示中实际物体一一对应,其中所包含的信息是可以直接用来计算的。因此,计算机可以在BIM模型中根据构件本身的属性进行快速识别分类,工程量统计的准确率和速度都得到很大的提高。以墙体的计算为例,计算机可以自动识别软件中墙体的属性,根据模型中有关该墙体的类型和组分信息统计出该墙体的数量,并对相同的构件进行自动归类。因此,当需要制作墙体明细表或计算墙体数量时,计算机会自动对它进行统计,如图6-1所示。

图 6-1　墙体自动化计算

内置计算规则保证了工程量计算的合规性和准确性。模型参数化除了包含构件自身属性之外,还包括支撑工程量计算的基础性规则,这主要包括构件计算规则、扣减规则、清单及定额规则。构件计算除包含通用的计算规则之外,还包含不同类型构件和地区性的计算规则。通过内置规则,系统自动计算构件的实体工程量。不同构件相交需要根据扣减规则自动计算工程量,在得到实体工作量的基础之上,模型丰富的参数信息可以生成项目特征,根据特征属性自动套取清单项和生成清单项目特征等。在清单统计模式下可同时按清单规则、定额规则平行扣减,并自动套取清单项和定额子目。同时,建筑构件的三维呈现也便于工程预算时工程量的对量和核算。

3.关联的扣减计算

工程量计算工作中,相关联构件工程量扣减计算一直是耗时烦琐的工作,首先,构件本身相交部分的尺寸数据计算相对困难,如果构件是异型的,计算就更加复杂。传统的计算基于二维电子图纸,图纸仅标识了构件自身尺寸,而没有相关联的构件在空间中的关系和交叠数据。人工处理关联部分的尺寸数据,识别和计算工作烦琐,很难做到完整和准确,容易因为纰漏或疏忽造成计算错误。其次,在我国当前的工程量计算体系中,工程量计算是有规则的,同时,各省或地区的计算规则也不尽相同。例如,混凝土过梁伸入墙内部分工程量不扣,但构造柱、独立柱、单梁、连续梁等伸入墙体的工程量要扣除。除建筑工程量之外,还包括相交部分的钢筋、装饰等具体怎么计算,这些都需要按照各地的计算规则来确定。

BIM 模型中每一个构件除了记录自身尺寸、大小、形状等属性之外,在空间上还包括了与之相关联或相交的构件的位置信息,这些空间信息详细记录了构件之间的关联情况。这样,BIM 工程量计算软件就可以得到各构件相交的完整数据。同时,BIM 工程量计算软件通过集成各地计算规则库,描述构件与构件之间的扣减关系计算法则。软件可以根据构件关联或相交部分的尺寸和空间关系数据智能化匹配计算规则,准确计算扣减工程量。

4.异性构件的计算

在实际工程中,经常遇到复杂的异型建筑造型及节点钢筋,造价人员往往需要花费大量的时间来处理。同时,异型构件与其他构件的关联和相交部分的形状更加不可确定,这无疑给工程量计算增加了难度。传统的计算需要对构件进行切割分块,然后根据公式计算,这必然花费大量的时间。同时,切割也导致了异型构件工程量计算准确性降低,特别是一些较小的不规则构件交叉部分的工程量无法计算,只能通过相似体进行近似估算。

BIM 工程量计算软件从两方面解决了异型构件的工程量计算。

首先,软件对于异型构件工程量计算更加准确。BIM 模型详细记录了异型构件的几何尺寸和空间信息,通过内置的数学方法,例如布尔计算和微积分,能够将模型切割分块趋于最小化,计算结果非常精确。

其次,软件对于异型构件工程量计算更加全面完整。异型构件一般都会与其他构件产生关联和交叠,这些相交部分不仅多,而且形状更加异常。算量软件可以准确计算这部分的工程量,并根据自定义扣减规则各地计算规则进行总工程量计算,同时构件空间信息的完整性决定了软件不会遗漏掉任何细小的交叉部分的工程量,使得计算工程十分完整,进而保证了总工程量的准确性。如飘窗构件工程量计算设置,如图 6-2 所示。

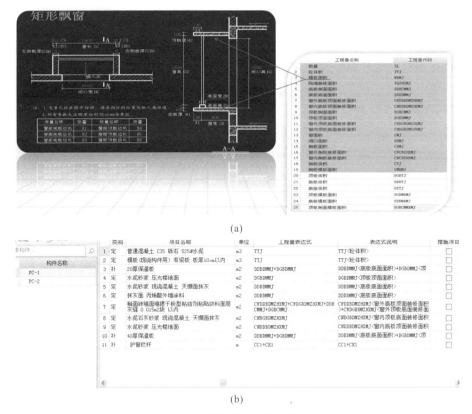

图 6-2　飘窗构件工程量计算

6.1.3　工程计价

随着计算机技术的发展,建筑工程预算软件得到了迅速发展和广泛应用。尽管如此,目前工程造价人员仍需要花费大量时间来进行工程预算工作,这主要有几个方面的原因。第一,清单组价工作量很大。清单项目单价水平主要是清单的项目特征决定,实质上就是构件属性信息与清单项目特征的匹配问题。在组价时,预算人员需要花费大量精力进行定额匹配工作。第二,设计变更等修改造成造价工作反复较多。由于我国实际的工程往往存在"三边工程",图纸不完整情况经常存在,修改频繁,由此产生新的工程量计算结果必须重新组价,并手工与之前的计价文件进行合并,无法做到直接合并,造成计价工作的重复和工作量增加。第三,预算信息与后续的进度计划、资源计划、结算支付、变更签证等业务割裂,无法形成联动效应,需要人工进行反复查询修改,效率不高。

基于 BIM 的工程量计算软件形成了算量模型,并基于模型进行准确算量,算量结果可以直接导入 BIM 计价软件进行组价,组价结果自动与模型进行关联,最终形成预算模型。预算模型可以进一步关联 4D 进度模型,最终形成 BIM 5D 模型,并基于 BIM 5D 进行造价全过程的管理。基于 BIM 的工程预算包括以下几方面特点。

1.基于模型的工程量计算和计价一体化

目前,市场上的工程量计算软件和计价软件功能是分离的,算量软件只负责计算工程量,对设计图纸中提供的构件信息输入完后,不能上传至计价软件中。在计价软件中还需重新输入清单项目特征,这样会大大降低工作效率,出错概率也提高了。基于 BIM 的工程量计算和计价软件实现计价算量一体化,通过 BIM 算量软件进行工程量计算。同时,通过算量模型丰富的参数信息,软件自动抽取项目特征,并与招标的清单项目特征进行匹配,形成模型与清单关联。在工程量计算完成之后,在组价过程中,BIM 造价软件根据项目特征可以与预算定额进行匹配,或依据历史工程积累的相似清单项目综合单价进行匹配,实现快速组价功能,如图 6-3 所示。

图 6-3　清单组价

2. 造价调整更加快捷

在投标或施工过程中,经常会遇到因为错误或某些需求而发生图纸修改、设计变更,这样需要进行工程量的重新计算和修改,目前的工程量计算软件和计价软件割裂导致变更工程量结果无法导入原始计价文件,需要利用计价软件人工填入变更调整,而且系统不会记录发生的变化。基于 BIM 技术的计价和工程量计算软件的工作全部基于三维模型,当发生设计修改时,我们仅需要修改模型,系统将会自动形成新的模型版本,按照原算量规则计算变更工程量,同时根据模型关联的清单定额和组价规则修改造价数据。修改记录将会记录在相应模型上,支撑以后的造价管理工作。

3. 深化设计降低额外费用

在建筑物某些局部会涉及众多的专业内容,特别是在一些管线复杂的地方,如果不进行综合管线的深化设计和施工模拟,极有可能造成返工,增加额外的施工成本。使用专业的 BIM 碰撞检查和施工模拟软件对所创建的建筑、结构、机电等 BIM 模型进行分析检查,可提前发现设计中存在的问题,并根据检查分析结果,直接利用 BIM 算量软件的建模功能对模型进行调整,并及时更正相应的造价数据,这有利于降低施工时修改带来的额外成本。

6.2　基于 BIM 的进度与造价协同优化

6.2.1　装配式建筑 BIM 5D 模型

工程进度计划在实际应用之中可以与三维模型关联形成 4D(三维模型＋进度计划)模型,同时,将预算模型与 BIM 4D 模型集成,在进度模型的基础上增加造价信息,就形成 BIM 5D 模型。基于 BIM 5D 模型可以进行辅助造价全过程的管理。

(1)在预算分析优化过程中,可以进行不平衡报价分析。招投标是一个博弈过程,如何制定合理科学的不平衡报价方案,提高结算价和结算利润是预算编制工作的重点。例如,BIM 5D 可以实现工程实际进度模拟。在模拟过程中,可以非常形象地知道相应清单完成的先后顺序,这样可以利用资金收入的时间先后较早完成的清单项目的单价。

(2)在施工方案设计前期,BIM 5D 技术有助于对施工方案设计进行详细分析和优化,能协助制定出合理而经济的施工组织流程,这对成本分析、资源优化、工作协调等非常有益。

(3)在施工阶段,BIM 5D 技术还可以动态地显示出整个工程的施工进度,指导材料计划、资金计划等及时精确下达,并进行已完成工程量和消耗材料量的分析对比,及时地发现施工漏洞,从而尽最大可能采取措施,控制成本,提高项目的经济效益。

6.2.2　施工进度优化

在施工准备阶段,施工单位需要编制详细的施工组织设计,而施工进度计划是其中重要的工作之一。施工进度是按照项目合同要求合理安排施工的先后顺序,根据施工工序情况划分施工段,安排流水作业。合理的进度计划必须遵循均衡原则,避免工作过分集中,有目的地削减高峰期工作量,减少临时设施搭设次数,避免劳动力、材料、机械消耗量大进大出,保证施工过程按计划、有节奏地进行。

首先,利用 BIM 5D 模型可以方便快捷地进行施工进度模拟和资源优化,施工进度计划绑定预算模型之后,基于 BIM 模型的参数化特性,以及施工进度计划与预算信息的关联关系,可以根据施工进度快速计算出不同阶段的人工、材料、机械设备和资金等的资源需求计划。在此基础上,工程管理人员进行施工流水段划分和调整,并组织专业队伍连续或交叉作业,流水施工使工序衔接合理紧密,避免窝工,这样既能提高工程质量,保证施工安全,又可以降低成本。

其次,系统基于三维图形功能模拟进度的实施,自动检查单位工程限定工期,施工期间劳动力、材料供应均衡,机械负荷情况,施工顺序是否合理,主导工序是否连续和是否有误等情况,避免资源的大进大出。同时,在保证进度的情况下,实现工期优化和劳动力、材料需要量趋于均衡,以及提高施工机械利用率。

优化平衡工作主要包括以下几个方面。

1.工期优化

工期优化也称时间优化,BIM 5D 系统根据进度计划会自动计算工期和关键路径。当计划的计算工期大于要求工期时,通过压缩关键线路上工作所持续的时间或调整工作关系,以满足工期要求的过程。工期优化应该考虑下列因素:一是根据工作的工作量信息、所属工作面、相关资源需求情况自动进行优化计算,压缩任务项最短的持续时间;二是先压缩持续时间较长的工作,一般认为,持续时间较长的工作更容易压缩;三是优化选择缩短工期工作时间可增加所需费用较少的工作。

2.资源有限,工期最短优化

BIM 5D 模型可以使人们清晰了解每一个施工段、时间段的人工、材料、机械、设备和资金等资源情况。在项目资源供应有限的情况下,系统可以设置每日供给各个工序固定的资源,合理安排资源分配,寻找最短计划工期的过程。

3.工期固定,资源均衡优化

制订项目计划时,不同资源的使用尽可能保持平衡是十分重要的,每日资源使用量不应出现过多的高峰和低谷,从而有利于生产施工的组织与管理,有利于施工费用的节约。理想的资源消耗曲线应该是个矩形。虽然编制这种理想的计划是非常困难的,但是,利用 BIM 5D 模拟功能和时差微调进度计划,资源随之进行自动调整,系统能够实时显示资源平衡曲线,同时可以设置优化目标,如资源消耗的方差 R 最小,达到目标自动停止优化。

4.工期成本优化

工程项目的成本与工期是对立统一的矛盾体。生产效率一定的条件下,要缩短工期,就得提高施工速度,就必须投入更多的人力、物力和财力,使工程某方面的费用增加,同时管理费等又减少。此时,要考虑两方面的因素,寻求最佳组合:一是在保证成本最低情况下的模拟最优工期,包括进度计划中各工作的进度安排;二是在保证一定工期要求情况下,模拟出对应的最低成本,以及网络计划中各工作的进度安排。要完成上述优化,BIM 5D 丰富的信息参数提供了支持,如 BIM 5D 包含每个工序的时间信息、工序资源的日最大供应量等。

在施工方案确定过程中,可以利用 BIM 5D 模拟功能,对各种施工方案,从经济上进行对比评价,可以做到及时修改和计算。BIM 算量模型绑定了工程量和造价信息,当人们需要对比验证几个不同方案的费用时,可以按照每种方案对模型进行修改,系统将根据修改情况自动统计变更工程量,同时按照智能化构件项目特征匹配定额进行快速组价,得到造价信息。这样,可以快速得到每个方案的费用,可采用价值最低的方案为备选方案。例如,框架结构的框架柱内的竖向钢筋连接,从技术上来讲,可以采用电渣压力焊、帮条焊和搭接焊三种方案,根据方案的不同,修改模型和做法,自动得到用量和造价信息,一目了然。

6.3 BIM 施工成本过程管理

6.3.1 工程变更

建筑业一直被认为是能耗高、利润低、管理粗放的行业,特别是施工阶段,建筑工程浪费一直居高不下,造成工程项目造价增加,利润减少。对于施工企业来讲,应该不断提高项目精益化管理水平,改变项目交付过程,为业主提供满意的产品与服务的同时,以最少的人力、设备、材料、资金和空间等资源投入,创造更多的价值。因此,施工阶段要严格按照设计图纸、施工组织设计、施工方案、成本计划等的要求,将造价管理工作重点集中到如何有效地控制浪费,减少成本方面。

利用 BIM 技术可以有效地提高施工阶段的造价控制能力和管理化水平。基于 BIM 模型进行施工模拟,不断优化方案,提高计划的合理性、提高资源利用率,尽可能地减少返工的可能性,减少潜在的经济损失。利用 BIM 模型可以实时把握工程成本信息,实现成本的动态管理。

1.变更存在的问题

工程变更管理贯穿工程实施的全过程,工程变更是编制竣工图、编制施工结算的重要依据。对施工企业来讲,变更也是项目开源的重要手段,对于项目二次经营具有重要意义。工程变更在伴随着工程造价调整过程中,成为甲乙双方利益博弈的焦点。在传统方式中,工程变更产生的变更图纸需要重新计算工程量,并经过三方认可,才能作为最终工程造价结算的依据。目前,一个项目所涉及的工程变更数量众多,在实际管理工作中存在很多问题。

(1)工程变更预算编制压力大,如果编制不及时,将会耽误最佳索赔时间。

(2)针对单个变更单的工程变更工程量产生漏项或少算,造成收入降低。

(3)当前的变更多采用纸质形式,特别是变更图纸。一般是变更部位的二维图,无变化前后对比,不形象也不直观,结算时虽然有签字,但是容易导致双方扯皮,索赔难度增加。

(4)工程历时长,变更资料众多,管理不善的话容易造成遗忘,追溯和查询麻烦。

2.基于 BIM 的变更管理内容

利用 BIM 技术可以对工程变更进行有效管理,主要包括以下几个方面内容。

(1)利用 BIM 模型可以准确及时地进行变更工程量的统计。当发生设计变更时,施工单位按照变更图纸直接对算量模型进行修改,BIM 5D 系统将会自动统计变更后的工程量。同时,软件计算也可弥补手算时不容易算清的关于构件之间影响工程量的问题,提高变更工程量的准确性和合理性,并生成变更量表。由于 BIM 模型集成了造价信息,用户可以设置变更造价的计算方式,软件系统将自动计算变更工程量和变更造价,并形成输出记录表。

(2)BIM 5D 集成了模型、造价、进度信息,有利于对变更产生的其他业务变更进行管理。首先,模型的可视化功能,可以三维显示变更信息并给出变更前后图形的变化,对于变更的管理一目了然,同时,也有利于日后的结算工作。其次,使用模型来取代图纸进行变更工程量计算和计价,模型所需材料的名称、数量和尺寸都自动在系统中生成,而且这些信息与设计保持一致,如果发生变更,造价工程师使用的材料的名称、数量和尺寸也会随之变化。模型还可以及时显示变更可能导致的项目造价变化情况,便于工作人员掌握实际造价是否超预算造价。

6.3.2 材料控制

在工程造价管理过程中,工程材料的控制是至关重要的,材料费在工程造价中往往占据很大的比重,一般占整个预算费用 70% 左右。同时,材料供应的及时性和完备性,是施工进度能够顺利进行的重要保证。因此,在施工阶段不仅要严格按照预算控制材料用量,选择合理的材料采购价格,还要能够及时准确地提交材料需用计划,及时完成材料采购,保证实体工程的施工。只有这样,才能有效地控制工程造价和保证施工进度。

BIM 5D 将三维实体模型中的基本构件与工程量信息、造价信息关联,同时按照施工流水段将构件进行组合或切割,进而与具体的实体工程进度计划进行关联。所以,根据实体工程进度,BIM 系统按照年度、月度、周自动抽取与之关联的资源信息,形成周期的材料需用计划和设备需用计划。通过 BIM 5D 系统,材料管理人员随时可以查看任意流水段的材料需用情况,及时准确地编制材料需用计划指导采购。只有这样才能切实保证实体工程的进度。

在实际材料现场管理过程中的BIM技术应用主要包括两个方面。

一方面，提高钢筋精细化管理水平。由于钢筋用量占材料成本的比重较大，精确下料有助于提高钢筋的使用率和降低浪费。基于BIM的钢筋算量模型提供了丰富的结构方面的参数化特征并结合钢筋相关的规则设置，可以实现钢筋断料优化、组合，合理利用原材料和余料降低成本，同时为钢筋加工和钢筋排布自动生成图纸。通过系统随时统计各部位和流水段的钢筋用量，使得钢筋进度用量精准，既可保证施工进度，又能降低钢材的采购成本。

另一方面，通过限额领料可以控制材料浪费。材料库管人员根据领料单涉及的模型范围，通过BIM 5D平台系统直接可以查看相应的钢筋料单和材料需用计划。通过计划量控制领用量，将领用量计入模型，形成实际材料消耗量。项目管理者可针对计划进度和实际进度查询任意进度计划并指定时间段内的工程量以及相应的材料预算用量和实际用量，并可进行相关材料预算用量、计划量和实际消耗量三项数据的对比分析和超预算预警。

6.3.3　计量支付与工程结算

1.计量支付

在传统管理模式下，施工总承包企业根据施工实际进度完成情况分阶段进行工程款的回收，同时，也需要按照工程款回收情况和分包工程完成情况，进行分包工程款的支付。这两项工作都要依据准确的工程量统计数据。一方面，施工总包方需要每月向发包方提交已完工程量的报告，同时花费大量时间和精力按照合同以及招标文件要求与发包方核对工程量所提交的报告；另一方面还需要核实分包申报的工程量是否合规。计量工作频繁往往使得效率和准确性难以得到保障。

BIM技术在工程计量计算工作中得到应用后，则完全改变了上述工作状况。

(1)由于BIM实体构件模型与时间维度相关联，利用BIM模型的参数化特点，按照所需条件筛选工程信息，计算机即可自动完成已完工构件的工程量统计，并汇总形成已完工程量表。造价工程师在BIM平台上根据已完工程量，补充其他价差调整等信息，可快速准确地统计这一时段的造价信息，并通过项目管理平台及时办理工程进度款支付申请。

(2)从另一个角度看，分包单位按月度也需要进行分包工程计量支付工作。总包单位可以基于BIM 5D平台进行分包工程量核实。BIM 5D在实体模型上集成了任务信息和施工流水段信息，各分包与施工流水段是对应的，这样系统就能清晰识别各分包的工程，进一步识别已完成工程量，降低了审核工作的难度。如果能将分包单位纳入统一BIM 5D系统，这样，分包也可以直接基于系统平台进行分包报量，提高工作效率。

(3)这些计量支付单据和相应的数据都会自动记录在BIM 5D系统中，并关联在一定的模型下，方便以后查询、结算、统计汇总工作。

2.工程结算

虽然结算工作是造价管理最后一个环节，但是结算所涉及的业务内容覆盖了整个建造过程,包括从合同签订一直到竣工的关于设计、预算、施工生产和造价管理等信息。结算工作存在以下几个难点。

(1)依据多。结算涉及合同报价文件,施工过程中形成的签证、变更、暂估材料认价等各种相关业务依据和资料,以及工程会议纪要等相关文件。特别是变更签证,一般项目变更率在 20% 以上,施工过程中与业主、分包、监理、供应商等产生的结算单据数量也超过百张,甚至上千张。

(2)计算多。施工过程中的结算工作涉及月度、季度造价汇总计算;报送、审核、复审造价计算;项目部、公司、甲方等不同维度的造价统计计算。

(3)汇总累。结算时除了需要编制各种汇总表,还需要编制设计变更、工程治商、工程签证等分类汇总表,以及分类材料(钢筋、商品混凝土)分期价差调整明细表。

(4)管理难。结算工作涉及成百上千的计价文件、变更单、会议纪要等。变更、签证等业务参与方多和步骤多也造成管理结算工作难。

BIM 5D 协同管理的引入,有助于改变工程结算工作的被动状况,BIM 模型的参数化设计特点,使得各个建筑构件不仅具有几何属性,而且被赋予了物理属性,如空间关系、地理信息、工程量数据、成本信息、材料详细清单信息以及项目进度信息等。随着施工阶段推进,BIM 模型数据库等信息也不断修改完善,模型相关的合同、设计变更、现场签证、计量支付、材料供应等信息也不断录入与更新,到竣工结算时,其信息量已完全可以表达竣工工程实体。除了可以形成竣工模型之外,BIM 模型的准确性和过程记录完备性还有助于提高结算的效率。同时,BIM 可视化的功能可以方便随时查看三维变更模型,并直接调用变更前后的模型进行对比分析,避免在进行结算时因描述不清楚而导致索赔难度增加,减少双方的扯皮,加快结算速度。

6.4 BIM 技术在装配式建筑成本控制中的应用

6.4.1 建设阶段

1.前期策划阶段

BIM 大数据、模拟功能和数据计算统计(云计算)功能可以很好地应用到前期策划阶段,对项目可观报告、方案比选、投资估算、概算、技术经济和可行性等指标进行评估。对BIM 信息库与类似的工程数据信息和造价数据库进行对比、分析、确定最优建设方案和实现最优决策。从数据库调出类似工程的信息,输入工程概况和现状,结合进度、质量、功能和成本等信息,快速生成模型,在投资方案比选时,结合新项目的方案特点,从数据库中选择类似项目模型进行抽取、修改、更新,快速建成不同方案的 5D 模型,结合广联达和鲁班的造价软件,对多个方案同时对比,在此基础上优化分析,方便选择最合适的方案,并形成成本最低的可行性建议。

尤其是装配式建筑前期通过 BIM 技术对整个产品的定位、标准构件采用的形式、安装施工全过程的模拟,通过与类似工程相关数据进行对比分析,整体提高住宅在全寿命周期内的功能和使用体验,提升住宅居住性和舒服性,为实现成本控制的最优化提供了高效的管理平台。

2.设计阶段

在设计阶段对建筑的成本影响较大,影响成本达到 70%～80%,装配式阶段在设计阶段对成本的影响更大,功能布局是否合理、外观是否方正、结构形式是否复杂、工艺拆分是否适中等都对建筑成本产生直接影响。经过总规划设计、初步设计、施工图设计、工艺设计到最后的装修设计,整个建造模型越来越清晰和完善,通过真实数据的模型模拟,进行优化分析,对不合理的设计提出修改意见,从而达到控制成本、节约投资的目的。

Revit 软件可同时设计和保留多个设计方案,通过多方案对比,选择合适的方案,可以随时调整优化方案,同时可以根据建筑的日照、通风、容积率、车位和景观绿化等,对设计进行合理调整与优化,提高设计的质量,实现居住舒适性;通过模型可以直观地看到设计的变化对建筑成本的影响,同时体验到使用面积、得房率、功能布局和新材料的使用变化对建筑品质的影响,进而直观地了解到成本增加的原因,会让业主容易接受因高质量和高品位而增加的建筑成本。

在保证安全性能,防水、防火和保温等功能要求的基础上,根据"模数协调原则"进行构件拆分,尽量减少预制构件的种类,实现户型设计标准化和模数化。标准化和模块化生产可以有效节省成本。设计单位进行设计时应用 BIM 技术可及时发现设计错误,减少设计变更。通过模型进行施工图和工艺深化设计,而借助于 BIM 模型可以方便对预制构件的拆分,建立拆分模型,对建筑空间功能、节点设计优化和预埋件位置、钢筋管道等碰撞检测,各专业设计师可以及时沟通交流。通过碰撞检查,提前发现问题进行修改,避免后期设计变更带来成本的增加,并且通过住宅模型,对各个部位的成本进行分解,可以通过 BIM 的数据库进行对比分析,找出成本偏高的原因,并对装配式建筑的结构形式进行详细的分析对比,能够选择合理的功能分区、结构形式以及合适的装配率,使其性价比最大化。

通过 BIM 技术对装配式建筑设计的优化,能够减少制造难度,提升生产效率;减少构件种类,实现模具成本最低化;减少构件数量;吊装工期最短化;提高容错能力;现场操作简单化;消除质量通病,使成本控制在优化设计阶段实现最大限度降低。

通过 BIM 技术可以实现精装修一体化设计,能够将墙体位置、管线布置、开关设置、家具厨卫的布置位置按照业主的个性化需求,精准实现功能需求。借助 BIM 平台在装修过程中统一设计、采购和施工,满足个性化定制需求,有效避免二次装修对结构主体的损坏,消除安全隐患,避免反复浪费,可以节省工期,达到拎包入住,最终实现成本的最大节约。用 BIM 技术的模块化设计可以大幅度提高设计效率,省设计时间,节约设计成本。

3.部品部件生产运输阶段

工厂化部品部件有利于实现预制构件的标准化,有利于产业一体化的形成,有利于减少劳动力和现场施工工作量,加快施工进度、节约人工、提高效率,减少原料的浪费和节约能源,形成绿色可持续发展。对预制构件的 BIM 精细化型进行优化,并直接导出构件加工图,结合 AutoCAD 进行图纸平面深化以达到能够用于工厂加工深度。利用 BIM 信息和 MES 等管理软件整合优化,贯通整个产业链,通过 BIM 技术模型直接生产加工图纸,导入 BIM 生成部件清单,实现智能化制造,提高装备和生产流水线的效率;实现生产制造环节的无缝对接,通过不同系统的融合,大大降低了生产制造费用。同时借助 BIM 大数据平台可以实现设计、生产、采购一体化,最终达到 APP 移动终端进行控制。

基于 BIM 信息的工厂生产管理系统在构件生产过程中可实现多种模块信息管理,实现对构件的管理,实现科学合理的全流水线作业。

BIM 技术可以实现设计到加工材料用量清单、钢筋用量、预埋件数量、模具型号、机械型号等全流水线数字化加工生产,可以清晰地控制各个阶段的成本,真正实现成本控制的协同化和最优化。

借助于 BIM 技术可实现构件的标准和小型化,便于生产运输,实现运输的成本最大化节约和有效控制。通过 BIM 大数据和云平台可以合理规划运输路径,监控运载量,设计运输需求计划,提高满载率,制定运输方案,考虑限高,并结合吊装方案,减少现场堆放,减少成本。BIM 工厂生产流程如图 6-4 所示。

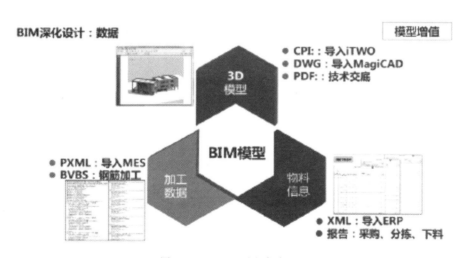

图 6-4　BIM 工厂生产流程

4. 安装施工阶段

在安装施工阶段,通过模型快速准确地算出工程消耗量,通过预算成本、合同价目标成本、实际成本和结算价进行快速对比,进行科学合理的成本控制。

目前,我国传统建造模式的施工成本管理,缺乏事前、事中和事后全过程的成本控制,只重视最终目标的控制,缺乏在施工过程中,主动控制成本,与目标成本和实际成本进行动态对比,分析成本偏差的原因,及时做出调整。而 BIM 作为建筑行业最先进的技术,强大的数据存储功能,3D 施工模拟技术,再加上进度和成本形成 BIM 5D 技术,可以进行进度管理、物资管理、合同管理、成本管理和质量安全管理等。在成本管理系统可以快速计算合同收入、实际成本和结算价等指标,实现多维度和全方位的对比,实现可视化的精细化管理。

BIM技术和广联达图形算量软件结合,融入了计算规则,可以快速自动算量,多部门共同分享数据,协同工作,为施工企业节约成本,增加利润。通过BIM技术使预埋构件的节点位置更加准确定位,减少偏差和返工,通过科学合理的施工工序和标准化施工技术,便于控制工程质量,减少人工费用和原材料的损耗。在BIM施工模拟下,可以实现预制构件的可视化安装,优化装配式设计,制定合理的施工顺序,可以对资源进行合理分配,降低材料的仓储费用,降低总装成本。

运用BIM技术可以实现装配式建筑的直接费用低于传统建筑,利用模拟技术改善施工工艺、寻找最佳吊装路线,加快安装速度,减少人工强度,从而减少直接成本费用。BIM技术与装配式建筑的高度融合,可以合理优化工期,实现人力资源的节约,实现资金最大化周转,大大降低成本,最大化创造效益。

6.4.2 使用阶段

在后期运维阶段,运用BIM技术可以准确定位管道、设备和工程维修位置,快速查询管道、设备型号和尺寸厂家等信息,也可以根据设备的使用情况和年限提前预警,实现运营期的高效管理。建筑中的水电、暖通、消防管道施工大部分为隐蔽工程,维修很不方便,问题很难找到,而BIM可视化的特点在紧急情况下需要快速定位时这种优势尤其明显,可实现准确定位,及时发现问题,便捷维修,节省维修成本。

装配式建筑提高了建筑工程节能技术,在使用阶段,因墙体外保温一体化,节能效果明显,能耗低,同时也避免了墙体开裂和脱落,增加墙体的使用年限。因借助于BIM技术,实现精益建造,质量大大提高,后期维修减少,降低了使用成本。

BIM技术的标准化、协同化、可视化、信息化特点,与装配式建筑标准化、集成化、信息化、绿色节能等特点高度融合,借助BIM技术信息平台,可以实现装配式建筑全寿命周期、全产业链、全系统组织、多维度的成本最大化控制,使其整个住宅产业向高效、高速度、高质量的方向发展,极大提升了人们的居住环境。

6.5 基于BIM技术的装配式建筑成本控制模型

6.5.1 成本控制模型的设计原则

装配式建筑成本控制框架设计本着全面全过程、全员参与、动态化、集成化、透明化、数据化、协作化、利益风险共担和合同为主的基本原则。

6.5.2　成本控制模型的核心

装配式建筑成本控制是集成化和产业化融合的一种新模式,也是全寿命周期和全过程的控制,而 BIM 技术自诞生起,就是以全寿命周期、贯穿项目全过程,提供可协调共享数据。现在装配式建筑的建设都是以大集团公司围绕国家的相关政策进行布局,装配式建筑的参与者会高度融合,装配式建筑适合采用工程总承包模式,参与单位的数量多、过程产生数据巨大,数据交换复杂,就需要借助 BIM 信息平台与其他管理系统软件的兼容,实现数据共享、技术协调、产业链融合和集成发展。因此,基于 BIM 技术的装配式建筑成本控制框架构建的核心就是改变传统的静态且分散的管控模式,将不同阶段、不同参与者有效融合,进行多方位的协同管理、实现信息共享。在控制过程中通过动态的和及时性的调整,去准确反映整个产业链的实际成本。

装配式建筑高于传统建筑的成本,需要建立完善的设计、制造、物流、总装系统成本控制模型来打通整个产业链,以此来缩小差距;而借助 BIM 技术能够实现集成化,整合产业链,有效实现成本控制。本书的成本控制模型是仅研究在装配式建筑项目设计阶段和施工安装阶段的模型设计。重要的决策主要发生在设计阶段,基于 BIM 的决策流程大大减少了工程变更成本,有效地控制了成本。

6.5.3　成本控制模型组织管理模式

成本控制的核心在组织管理,组织管理模式直接影响到成本控制的有效性和及时性。因此,要结合装配式建筑与 BIM 技术的特点,建立起一支高效的管理团队,使其分工明确,责任分明,工作流程清晰。它要求团队目标统一,齐心协力,让资源在整个项目不同环节的布置更加有效。对于一个工程项目,涉及的参建单位和主体单位比较多,各单位的情况和人员素质参差不齐,如何能够在同一项目实现技术共享、问题及时沟通、高效运作的团队,这就需要借助 BIM 技术,建立一个专业技术高、人员素质过硬,能够高效合作,愿意共享共担的 BIM 团队,如图 6-5 所示。

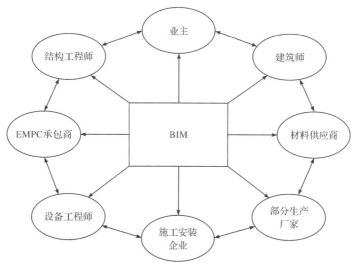

图 6-5　基于 BIM 技术装配式建筑各参建方关系

传统开发模式为以甲方为中心的发散管理模式,效率低下,不能实现技术信息共享,导致后期管理问题过多,管理成本增加。设计院、施工方、监理方的沟通不及时,出现了大量的设计变更和施工变更,使成本控制失效,决算价超合同价成为普遍现象。

装配式建筑是整个产业链的集成化,这就决定管理模式也要体现集成化。设计、生产制造、采购和施工一体化,能够保证住宅的质量,缩短工期,降低工程造价,有效控制成本。

装配式建筑应以 EPC 总承包模式设计、采购、施工为主。REMPC"科研＋设计＋制造＋采购＋施工"工程总承仓管理模式以研发、设计、生产、采购和组装全产业链和全过程实现信息的互通、协调和控制。涵盖了装配式建筑的整个过程,这种模式协同高效,有利于从设计阶段就去控制成本,主动进行设计方案优化,全流程去控制造价。在总承包模式下,BIM 技术在装配式建筑的应用,有利于优化设计、减少变更,提高施工效率。借助于 BIM 信息化管理平台,提升整个流程的管理水平,实现对装配式建筑成本的全方位、全要素和全面控制。装配式建筑总承包模式组织示意如图 6-6 所示。

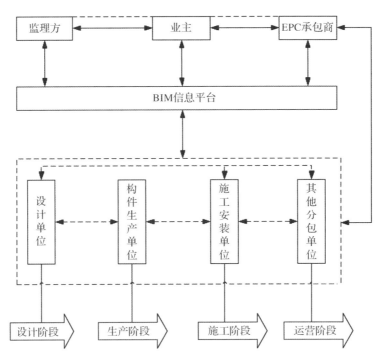

图 6-6　装配式建筑 EPC 模式组织示意

6.5.4　成本控制模型系统控制流程

成本系统控制流程是以预算价为基础,预算价作为投标报价的依据,中标后的合同总价是整个成本控制的重点和核心,通过合同价和目标利润,可以对目标成本进行分解,并通过实际成本与目标成本对比,进行成本偏差分析,竣工验收后,进行的竣工结算是最终的成本,通过层层递进式管理,可以实现成本的有效控制。如图 6-7 所示为成本控制递进图。

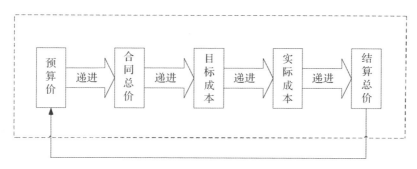

图 6-7　成本控制递进图

6.5.5　设计阶段成本控制模型

建设阶段大部分带来的是正增量成本,尤其是设计阶段、预制构件生产运输和施工安装阶段正增量较大,也是装配式建筑成本控制的重点。后期使用阶段带来的是负增量成本,这些负的增量成本会抵消部分正增量成本。

设计阶段对装配式建筑的成本影响最大。从设计阶段前置成本管理分,模型分为功能模块层、模型层、数据层和应用层。功能模块层作为装配式建筑成本的技术参数层,通过参数的设置,能够有效控制成本。在模型层借助 BIM 3D 和 BIM 5D 技术,以及图像算量和造价软件,快速建模,使模型增加附加值,模型对成本控制编辑性更强。数据层使模型层具备了造价数据和信息。基于以上各层的功能,应用层能够对装配率、经济性和价值工程进行分析。设计师通过限额指标进行设计,通过 BIM 模型优化方案,即从初步设计、施工图设计和工艺设计均借助 BIM 技术,通过模型,根据定额库和造价指标反馈到设计模型,进而追溯到工艺设计,分析结构体系、预制率、构件种类、标准化、重复利用率等是否最优化,再通过 BIM 云数据库进行对比,选择最合理、低成本的方案和工艺图。

6.5.6　施工阶段成本控制模型

施工阶段作为成本控制的重要环节,在功能模块层通过施工模拟,优化施工方案(见图 6-8)。导入成本目标和责任目标分解,通过时间、进度、成本三维,对预算价、合同价、目标成本、实际成本和结算成本进行对比,及时进行盈亏分析,对目标成本结构体系、工作要求和实施内容进行分解,借助 BIM 5D 和造价软件,快速生成工程量,并结合定额库、价格库和同类造价指标,在应用层,一键生成预算价,导出招标清单,输入价格,生成招标控制价。施工企业可以投标报价,同时结合人工、材料机械清单,分析整个项目的造价,及时共享造价信息,实现资源优化配置,减少库存量和部品部件现场的堆放。实际成本与目标成本通过模型对比,进行成本偏差分析,及时进行项目结算,尽早锁定利润,然后通过成本核算和成本考核,形成良性循环和激励机制,并能够智能持续改进,发挥全员和全过程高效控制成本。成本控制模型如图 6-9 所示。

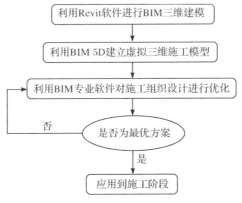

图 6-8　虚拟施工优化方案流程

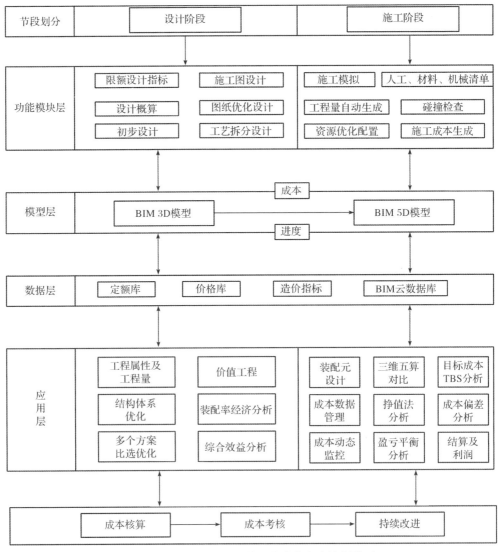

图 6-9　基于 BIM 技术的装配式建筑成本控制模型

6.6　案例分析

该项目为某工业化住宅示范项目。由于项目的设计在项目设计和计划批准完成后开始,因此,项目设计必须在原设计的基础上执行所有的变更,从而导致工业设计中产生一定的限制和困难。该项目采用 BIM 技术进行建筑,图 6-10 所示为采用 BIM 技术的建筑模型,其采用结构和机电一体化设计实现整个建设过程的控制。

图 6-10　BIM 建筑模型

在项目的初始阶段,将 BIM 技术与地理信息系统(GIS)相结合,获取现场信息和数据,其中 GIS 技术用于数据分析,BIM 技术用于建模,因此,决策者要进行合理规划。针对组件的信息,BIM 技术也可用于确定组件和材料数据库大小。同时,由于 BIM 建模能够提供完整的工程量数据,造价人员在造价预算阶段利用 BIM 技术进行计算,既减少工作强度又可提高造价精度。图 6-11 为 BIM 技术计算汇总概览。

在施工阶段,采用 BIM 技术的 5D 可视化管理,将施工过程中的劳动力、材料和机械等相关资源进行整合(见图 6-12),并将施工情况与施工方案进行比较,从而有效地进行协调与调整。为了保证施工方、监理方、业主等多方人员能够清楚了解项目情况，整个建筑的数据也将被长期存储，以便于建筑施工的后期管理。

钢筋统计汇总表

	构件类型	钢筋类型	钢筋合计(kg)	6	8	10	12	14	16
1	砼柱	Φ 一级钢	4705.908	24.427	1650.793	1602.307	1428.38		
2		Φ 三级钢	7538.949						
3	构造柱	Φ 一级钢	791.77	97.113	632.167	62.49			
4		Φ 二级钢	932.251				932.251		
5	砌体加筋	Φ 一级钢	316.227	316.227					
6	框架梁	Φ 一级钢	3130.366	363.007	2329.437	437.922			
7		Φ 二级钢	445.812				445.812		
8		Φ 三级钢	13371.058				2153.045	14.206	180.144
9	次梁	Φ 一级钢	817.633	51.794	765.839				
10		Φ 三级钢	4140.447				316.629	235.832	309.144
11	圈梁	Φ 一级钢	169.699		169.699				
12	过梁	Φ 一级钢	56.513	56.513					
13		Φ 二级钢	308.189			6.836	110.375	41.459	149.519
14	底筋	Φ 三级钢	3403.582		2989.646	413.937			
15	面筋	Φ 一级钢	9.242	9.242					
16		Φ 三级钢	26.786			26.786			
17	跨板面筋	Φ 一级钢	324.932	98.925	226.007				
18		Φ 三级钢	924.987		437.607	487.381			
19	支座负筋	Φ 一级钢	626.21	193.478	432.732				
20		Φ 三级钢	2179.267		1229.114	771.505	178.648		

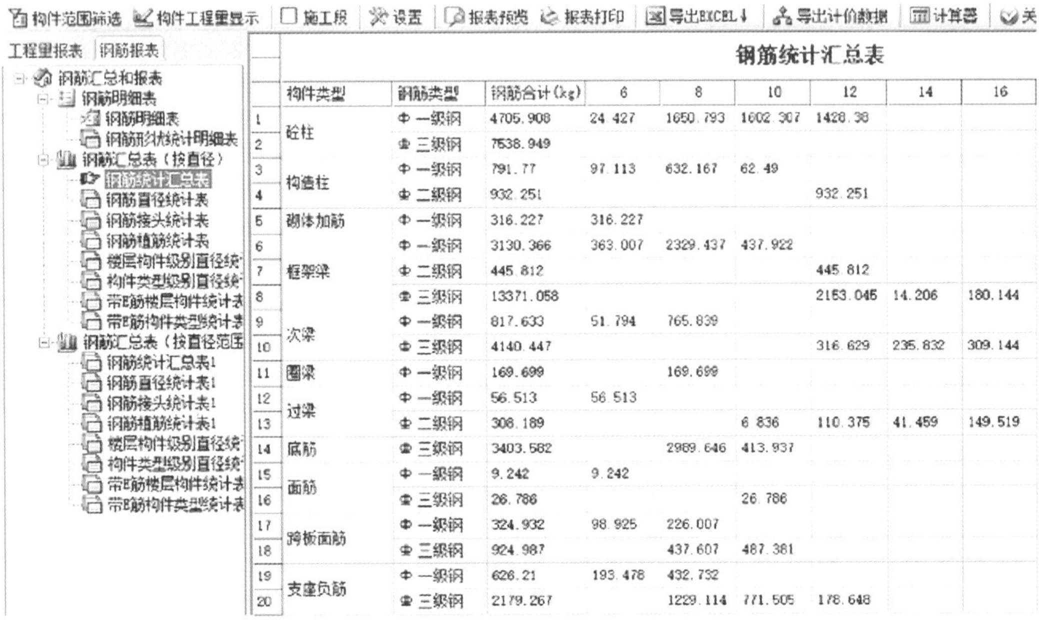

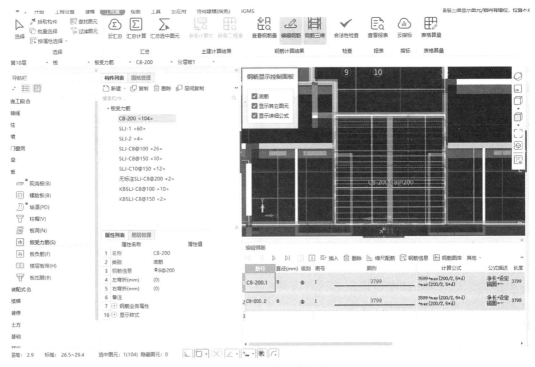

图 6-11 BIM 技术计算汇总概览

图 6-12 建筑成本控制

该项目将 BIM 技术与装配式建筑结合,相比于传统建造方式具有以下优势:

(1)可分别节约耗材 70%、用水 36%、能耗 30%,并可节省工期 31%;可将阳台、墙板、楼板和楼梯等作为统一构件,利用 BIM 技术进行标准构件模块设计后交由工厂生产。

(2)集成性好预制建筑的核心是整合。设计师采用 Revit 建筑结构机电一体化设计,从解决方案到施工图、工厂生产、运输和现场组装的全过程,并考虑到未来建筑物的拆除,以实现整个建筑生命周期使用的集成设计和控制,如图 6-13 所示。

由图 6-13 可知,利用 BIM 的众多优越性能,如工程造价的动态管理和运营、后期维护等,可显著提高生产和施工效率。

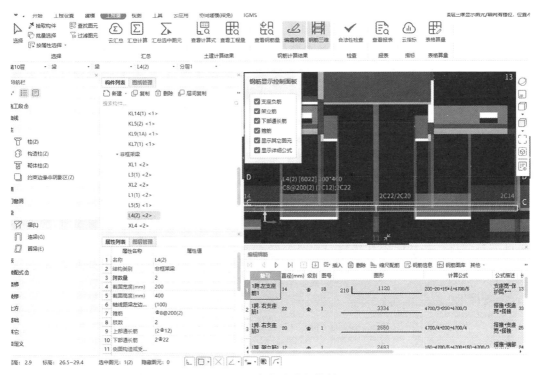

图 6-13 成本设计与控制

第7章 信息管理

知识目标

了解构件在生产过程中所具备的信息并且掌握构件进场时的顺序与存放管理,了解施工信息管理的方法,了解施工文件的立卷与归档,了解并熟悉施工信息管理的任务,熟悉并掌握施工文件归档管理的主要内容,了解装配式建筑全过程管理的目的。

能力目标

具有 BIM 全过程视野,能够负责项目中建筑、结构、暖通、给排水、电气专业等 BIM 模型搭建,复核,并且能够将其归纳整理给整体建设部门、业主方、设计方及供货方等,以供其决策和后期维护,并供其他兄弟项目参考和借鉴。

思政目标

培养学生负责任的态度与快速处理信息的能力,为社会主义建设事业培养合格的人才。

本章思维导图

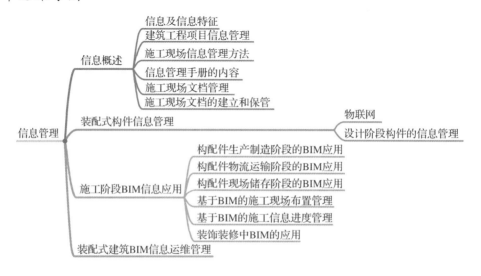

7.1　信息概述

7.1.1　信息及信息特征

1.信息

关于信息的定义,尚没有定论,一般认为,信息是由具有确定含义的一组数据组成的,信息对决策者有用,它服务于决策,对决策行为有现实意义或潜在价值。数据是表示客观事物的符号,它可以是文字、数值、语言、声音、图像、图表或味道等。数据与信息既有联系又有区别,数据是原材料,当数据置于特定的事件中,经过处理、解释后,使接受者了解其含义,对决策或行为产生了影响时,才成为信息。数据和信息的关系如图 7-1 所示。

图 7-1　数据与信息关系

2.信息特征

信息具有以下一些基本属性:

(1)事实性:事实是信息的中心价值,不符合事实的信息不仅没有价值,而且可能价值为负,害人害己。所以事实是信息的第一和基本的性质,事实性是信息收集时最应当注意的性质。

(2)等级性:组织是分等级的,不同等级的组织需要和产生不同等级的信息。组织的下层需要具体的执行信息,组织的上层需要浓缩和宏观的信息。

(3)可压缩性:可压缩性是说信息能够被浓缩,对信息进行集中、综合概括,而不会丢失信息的本质。压缩信息在实际工作中很有必要,一般很难收集一个事物的全部信息,也没有必要储存越来越多的信息,应提取和浓缩有用的信息,正确舍弃其他信息。

（4）共享性：信息只能分享，不能交换。给别人传递一个信息，自己并不能失去它。信息的共享性使信息可能成为管理的一种资源，利用信息进行目标的规划和控制。

（5）增值性：用于某种目的的信息，随着时间的推移，可能逐渐失去其价值。但对另一目的可能又显示用途。利用信息的增值性，我们可以从信息废品中提炼有用的信息，在司空见惯的信息中分析得到重要信息。

7.1.2 建筑工程项目信息管理

建筑工程项目信息管理是现代化工程项目管理中不可缺少的内容，而电子计算机则是现代工程项目管理中不可缺少的现代化工具。在工程项目管理中必须把信息管理和计算机的应用有机地结合起来，充分发挥计算机在信息管理中的优势，为项目的成本管理、进度管理、质量和完全管理，合同管理等各项管理工作服务，最终达到优质、低价、快速地完成工程项目的目标。项目中的信息流主要有以下几种：

1.工作流

由项目的结构分解得到项目所有工作，任务书（委托书或合同）则确定了这些工作的实施者，再通过项目计划具体安排它们的实施方法、实施顺序、实施时间以及实施过程中的协调。这些工作在一定时间和空间上实施，便形成项目的工作流。工作流就是项目的实施过程和管理过程，主体是劳动力和管理者。

2.物流

工作的实施需要各种材料、设备、能源，他们由外界输入，经过处理转换成工程实体，最终得到项目产品，则由工作流引起物流，表现出项目的物资生产过程。

3.资金流

资金流是工程过程中价值的运动。例如从资金变为库存的材料和设备，支付工资和工程款，在变为已完工程，投入运营后作为固定资产，通过项目运营取得收益。

4.信息流

工程建设项目的实施过程需要同时又不断产生大量信息。这些信息伴随着上述几种流动过程按一定的规律产生、转换、变化和被使用，并传到相关部门（单位），形成项目实施过程中的信息流。项目管理者设置目标，做决策，做各种计划，组织资源供应，领导、指导、激励、协调各项目参加者的工作，控制项目的实施过程都靠信息实现的。他靠信息了解项目实施情况，发布各种指令，计划并协调各方面的工作。

这四种流动过程之间相互联系，互相依赖又相互影响，共同构成了项目实施和管理的总过程。在这四种流动过程中，信息流对项目管理有特别重要的意义。信息流将项目的工作流、物流、资金流，将项目与环境结合在一起。它不仅反映而且控制与指挥着工作流、物流和资金流。例如，在项目实施过程中，各种工程文件、报告、报表反映了工程建设项目的实施情况，反映了工程实物进度、费用、工期状况，各种指令计划，协调方案又控制和指挥着项目的实施。所以，它是项目的神经系统。只有信息流畅，有效率，才会有顺利的、有效率的项目实施过程。

7.1.3　施工现场信息管理方法

对施工现场信息统一规划,编制信息管理手册是现场信息管理的具体表现。施工现场信息管理手册对现场信息进行整体的描述,包括:

(1)编制信息目录,对信息进行分类和编码。

(2)建立和确立信息的流程;建立现场报告制度,如分包商向总承包的报告,总承包商向业主和监理的报告。

(3)建立现场会议制度,如工程例会和专题会议。会议须有会议记录,一般情况下谁主持会议谁出会议记录。会议记录应分发到各参加会议的单位,重要的会议应经与会各方进行签字认可。

(4)建立现场组织及文档管理制度等。

7.1.4　信息管理手册的内容

1.工程概况

在工程概况内,需介绍项目简况,包括建筑面积、结构形式和各项指标,以及开工日期及总工期等。

2.工程分解及编码

大型建设工程组分多,建设过程中要进行标示,要建立起共同的语言,以便于工程和文档的分类及文档的存档与阅读。

3.现场的组织

现场的信息传递依赖于现场的管理组织,每一个单位都有自己的组织结构,整个项目有项目的组织机构。因此,信息管理手册要描述整个现场的组织结构,组织结构发生变化时信息管理手册的内容应相应的调整。

4.信息目录及信息流程

信息目录规定了信息的类型、信息传递的时间、信息的提供者和信息的接收者。信息目录如表 7-1 所示。

表 7-1　信息目录

信息类型	时间	提供信息者	信息接收者		
施工组织设计	工程开工前	技术部	业主	监理	……
技术核定单位	工程变更前	技术部	业主	监理	……
周计划	上周末	工程部	业主	监理	……
……	……	……	……	……	……

信息流程包括项目部内部的流程和项目部外部的流程。如隐蔽工程验收单由分包商负责质量的人员提出,呈报给总承包商的质检部监察,当隐蔽工程验收单上所注明的隐蔽内容被总承包检查合格签署意见后上报给监理,监理对隐蔽单注明的内容进行检查,检查合格签署意见后把隐蔽工程验收单返还给总承包,监理留底一份。若监理检查不合格,要求总承包对所隐蔽工程的内容进行整改,直至质量达到标准时监理签署合格意见。

5.报告制度和会议制度

现场有多种报告,如分包商向总承包商的报告,总承包商向业主和监理的报告,各个单位向本企业的报告等。报告按日期可分为定期报告和非定期报告。定期报告如日报、周报、月报和年报。按照内容可分为质量报告、进度报告和成本报告,还有特殊的专题报告。

报告的作用包括多个方面,可反映工程的状况,分析和评价过去的工作,提出工作存在的问题和解决问题的建议与方法以供领导决策,并对下一步的工作做出安排。

现场的会议可分层面和专业,如业主委托监理主持召开的现场例会,总承包商主持召开的生产例会。专题例会如安全例会、质量例会、进度例会和方案论证会等。

6.文档管理制度

文档管理是指作为信息载体的资料进行有序的收集,加工,分解,编目,存档,并为现场有关方面提供专用和日常用的信息的过程。施工现场文档管理制度包括如何建立和保管的制度。

7.1.5 施工现场文档管理

施工现场文档是项目上层管理信息系统的基础,现场文档应完整准确地描述和记录现场施工整个过程的细节。若现场文档不准确,向上反映和报告的信息就不准确,因此,就会造成上层不能正确的决策。施工现场的文档是为了现场管理服务的,文档传递的通畅意味着现场信息流是通畅的,文档传递的通畅可以提高现场管理的效率。在现场文档信息加工的基础上,项目上层的管理者可以进行正确的决策。每个施工现场文档的建立是不同的,文档的传递依赖现场的组织结构和管理模式,不同的组织结构和管理模式就会有不同的现场文档的传递顺序。

1.施工现场文档管理的任务

施工现场文档是对现场施工过程的完整的记录,应包括施工生产的记录,施工管理的记录,施工技术管理的记录以及包括各种经济关系发生和处理的记录,还应包括现场发生的重大事件和重要决策的记录。

施工现场文档是各层管理的基础信息,经过加工成为各层决策的依据,例如成为项目的最高决策者,项目参见各方企业或政府有关部门决策的依据。

2. 施工现场文档的分类

根据文档的重要程度,可分为永久保留的文档、长期保留的文档和短期保留的文档。由于各地区及现场情况不同,文档分类不尽相同,一般的现场文档有如下分类:

(1)总文档的分类

①招投标类文档:包括施工总承包投标的文档,对各分包的招标和投标的文档,对各种材料及设备招标和投标的文档。

②合同类文档:包括施工总承包合同,分包合同,各种材料和设备的供货合同,保险合同以及各种合同的修改及补充等。

③经济类文档:包括经济签证,索赔文件及报告,技术核定单,施工预决算等。

④现场日常管理类文档:包括业主和监理的来函,提交给业主和监理及有关政府部门的各种报告,分包及供货商的来函,对分包和供货商的各种批复和指令,会议纪要,图纸会审记录,工程洽商,工程联系单等。

⑤施工技术及管理类文档:施工技术及管理类文档的内容比较丰富,既可进行专业类的分类,也可进行综合性的分类。

(2)施工技术及管理类文档专业分类方法

施工技术及管理类文档可以按照单位工程、分部工程和分项工程以及专业进行分类。如:

①建筑工程;

②设备安装工程;

③分包引起的分类:幕墙,铝合金门窗,弱电,基坑围护,精装修,绿化以及竣工文件,竣工图等。

3. 施工技术及管理类文档的综合分类方法

综合分类是指各单位工程或专业工程的共性资料,这些资料也是最基本的资料。他们是:

(1)材质证明;

(2)施工实验;

(3)施工记录;

(4)预检;

(5)隐检;

(6)基础,主体结构验收;

(7)施工组织设计;

(8)技术交底;

(9)质量评定以及竣工验收资料和设计变更,洽商等。

表 7-2 是建筑工程中有关施工实验的实验报告,以及各部分工程质量评定和施工组织设计的有关文档。

表 7-2　装配式建筑设计、施工组织、质量评定部分文档

序号	施工试验	施工组织设计	质量评定
1	砂浆式块抗压实验报告	施工组织设计审批表	单位工程质量综合评定表
2	砂浆强度的验收评定	项目汇总表	单位工程质量保证资料评定表
3	混凝土坍落度测定报告	工程概况表	单位工程观感质量评定表
4	混凝土非破损测定强度报告	施工方法	地基及基础分部质量评定表
5	混凝土抗渗实验报告	主要技术措施	主体工程部分工程质量评定表
6	混凝土抗压实验报告	安全技术措施	地面与楼面分部工程质量评定表
7	混凝土强度的非统计评定	混凝土,砂浆式块制作计划表	门窗工程分部质量评定表
8	重要结构混凝土强度的数理统计评定	工程技术复刻计划表	屋面工程分部工程质量评定表
9	钢材实验报告	隐蔽工程验收计划表	装饰工程分部工程质量评定表
10	钢化学分析实验报告	施工总平面图	采暖卫生与煤气工程分部工程质量评定表
11	粗骨料实验记录卡	结构吊装方案	电气工程分部工程质量评定表
12	细骨料实验记录卡	桩位分布图	通风与空调工程分部工程质量评定表
13	沥青实验报告	打桩工程施工方案	电梯安装工程分部工程质量评定表
14	特殊材料实验报告	钢板桩及井点降水平面布置图	工程质量班组自检互检表
15	水泥检验报告	升板提升顺序	
16	应力张拉报告	施工部署	
17	钢筋点焊实物抽查实验报告	施工总进度计划及单位工程施工进度计划	
18	钢筋对焊,预埋铁件焊接实物抽查实验报告	精装修施工方案	
19	砂垫层环刀测定报告	施工预算人工汇总表	
20	砖实验报告	工程预算表	
21	钢材质量证明单	分部分项工程施工预算材料汇总表	
22	水泥质量证明单	主要机械设备一览表	
23	粗骨料质量证明单	单位工程降低成本计划表	
24	细骨料质量证明单	工艺及质量监测点计量网格图及计量器具配备明细表	
25	砖质量证明单		
26	混凝土构件合格证		
27	钢门窗合格证		
28	金属构件合格证		
29	钢套筒灌浆连接的施工检验记录		
30	连接构造节点的隐蔽工程检查验收文件		
31	后浇混凝土强度检测报告		
32	密封材料及接缝防水检测报告		
33	结构预埋件,螺栓连接灌浆接头隐蔽验收记录等		
34	预制构件与结构连接处钢筋及混凝土的接缝面隐蔽验收记录		
35	预制构件接缝处防水,防火处理隐蔽验收记录		

设备安装工程文档综合分类如表 7-3 所示。

表 7-3 设备安装工程部分文档

序号	采暖卫生与煤气	电气工程	通风空调	电梯安装
1	产品,设备,材质证明,产品检验	产品,设备,材质证明,产品检验	产品,设备,材质证明,产品检验	设备随机文件及产品合格证
2	施工试验记录	绝缘,接地电阻测试	管道试验记录	绝缘,接地电阻测试
3	设备运转记录	调试,运转记录	空调调试	半载满载超载运转记录
4	预检	预检	进场检验	设备检查记录
5	隐检	隐检	隐检	自检隐检记录
6	施工组织设计方案	施工组织设计方案	施工组织设计方案	方案
7	技术交底	技术交底	技术交底	技术交底
8	质量评定	质量评定	质量评定	劳动局检验报告
9	竣工验收资料	竣工验收资料	竣工验收资料	竣工验收资料
10	设计变更,洽商,图纸会审	设计变更,洽商,图纸会审	设计变更,洽商,图纸会审	变更文件

现场的文档分类要考虑与竣工档案编制和管理相结合,平时按竣工档案编制要求进行收集、分类与整理。项目竣工后,配合业主编制完整的项目文档向有关档案管理部门移交。表 7-4 是某城建档案馆信息管理中心要求的建设工程(项目)竣工档案归档范围。

表 7-4 《建设工程(项目)竣工档案归档范围》

序号	建设工程(项目)竣工档案归档范围	序号	市政建设工程(项目)竣工档案归档范围
1	前期文件材料	1	立项文件材料
2	设计文件材料	2	招投标文件材料
3	监理文件材料	3	勘测文件材料
4	施工技术文件材料	4	设计文件材料
5	安装施工技术文件	5	监理文件材料
6	幕墙部分文件材料	6	施工管理文件材料
7	绿化文件材料	7	施工测量复核文件材料
8	装饰部分(二次装饰)文件材料	8	施工实验文件材料
9	竣工文件材料	9	施工用材质保文件材料
10	竣工图	10	施工记录文件材料
11	工程声像出料	11	施工使用功能记录文件材料
		12	施工质量检验评定材料
		13	绿化文件材料
		14	交通文件材料
		15	管线工程材料
		16	测绘文件材料
		17	竣工文件材料
		18	竣工图
		19	照片材料
		20	声像材料

7.1.6　施工现场文档的建立和保管

施工现场的文档面广量大而复杂,由于现场工作繁忙,往往发生文件丢失、文件凌乱等现象,办公室里到处是文件,而需要的文件却要花费许多时间才能找到。实际上,现场的文件再多,也没有一个图书馆的资料多,在图书馆人们不需要花费许多时间就可以找到所需要的书,因为图书馆有一个功能很强的文档系统。所以,施工现场也应建立像图书馆一样的文档系统。

现在各种BIM软件的应用可以帮助我们很好地解决这个问题,因为传统企业的信息化和现场施工信息化的基本形态,是依赖固定场所和固定设备的信息化体系。随着社会多元化的发展和工作需求,传统的信息化体系的弊端正在日益凸显,人们对于"定点作用"的信息化应用模式深感不便,"随走随用"的移动端辅助管理成为需求焦点,移动端辅助管理就是以智能手机、便携笔记本等移动便携设备作为各类办公应用的用户接入终端,借助移动信息化软件将业务系统扩展到移动便携设备上,方便人们随时随地处理各类事务,弥补了传统信息化体系的接入死角,完成了信息化建设最后一公里的部署。

目前,市面上较为主流的移动端APP大致可以分为:浏览器类(BIMx,Sview),平面绘制应用类(RoomScan,MagicPlan),设计类(Pinterest,焕色大师),常用规范查询类(建筑规范),建筑资讯类(建筑学院),各参建方类(经营管家,建e联)等。

各类移动端APP的使用,对于装配整体式的关键节点、重要工序施工质量、安全生产的水平有了很大提高,对后期运行质量和结构使用寿命的提升起到了重要的作用,提升了项目的运行质量,提高了各参建方现场管控能力。

7.2　装配式构件信息管理

7.2.1　物联网

1.物联网的定义

物联网的概念最早是由美国麻省理工学院的 Kevin Ashton 教授于1991年首次提出的。1999年麻省理工学院建立了"自动识别中心",提出了万物皆可通过网络互联,阐明了物联网的基本含义。

目前国内外对于互联网还没有一个权威统一的概念,随着各种感知技术、现代网络技术、人工智能和自动化技术的发展,物联网的内涵也在不断完善。狭义的物联网是指将各种信息传感设备,如射频识别装置(RFID)、红外感应器、全球定位系统、激光扫描器等种种装置与互联网结合起来而形成的一个巨大网络。其目的是让所有的物品都与网络连接在一起,系统可以是自动的,实时对物体进行识别,定位追踪监控并触发相应事件;广义的物联网则可以看作是信息空间与物理空间的融合,即将一切事物数字化、网络化,在物品之间、物品与人之间、人与现实环境之间实现高效信息交互方式,并通过新的服务模式使各种信息技术融入社会行为,是信息化在人类社会综合应用达到的最高境界。目前普遍认为的物联网应该具备三个特征:

(1)全面感知。利用射频识别、传感器、二维码等感知、捕获、测量技术随时随地对物体进行信息采集和获取。

(2)可靠传递。通过各种电信网络与互联网的融合,将物体的信息实时准确地传递出去。

(3)智能处理。利用云计算、模糊识别等各种智能计算技术对海量感知数据和信息进行分析与处理,对物体实施智能化的决策和控制。

2.物联网的关键技术

(1)无线射频识别技术

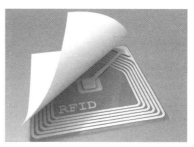

图 7-2　无线射频设备

无线射频识别技术是一种非接触式的自动识别技术,它通过射频信号自动识别目标对象并获取相关数据,识别工作无须人工干预,工作于各种恶劣环境。RFID 技术可以同时识别多个标签,操作快捷方便。在国内,RFID 已经在身份证、电子收费系统和物流管理领域有了广泛的应用,如图 7-2 所示。

(2)二维码技术

二维码是用某种特定的几何图形,按一定规律在平面(二维方向上)分布的黑白相间的图形记录数据符号信息的。在代码编制上巧妙地利用构成计算机内部逻辑基础的"0""1"比特流的概念,使用若干个进行二进制相对应的几何形体来表示文字数值信息,通过图像输入设备或光电扫描设备自动识读以实现信息自动处理。二维码具有储存量大、保密性高、追踪性高、抗损性强、备援性大、成本便宜等特性,这些特性特别适用于表单、安全保密、追踪、证照、存货盘点、资料备援等方面。

(3)传感技术

传感技术同计算机技术与通信技术一起被称为信息技术的三大技术,从仿生学观点,如果把计算机看成处理和识别信息的"大脑",把通信系统看成传递信息的"神经系统"的话,那么传感器就是"感觉器官",微型无线传感技术以及以此组建的传感网是物联网感知层的重要技术手段。

(4)GPS 技术

GPS 技术又称为全球定位系统,是具有海陆空全方位实时三维导航与定位能力的新一代卫星导航定位系统。GPS 作为移动感知技术,是物联网延伸到移动物体采集移动信息的重要技术,更是物流智能化、智能交通的重要技术。

(5)无线传感网络技术

无线传感器网络(Wireless Sensor Network,WSN)的基本功能是将一系列空间分散的传感器单元通过自组织的无线网络进行连接,从而将各自采集的数据通过无线网络进行传输汇总,以实现对空间分散范围内的物理或环境状况的协作监控,并根据这些信息进行相应的分析和处理。

3.物联网在装配式建筑中的应用

随着信息化技术的不断发展,物联网已经被广泛应用到交通、物流、工业、农业等各行各业,给人类社会带来巨大的效益。物联网的诞生也给建筑业的发展注入了新的活力,将钢筋、混凝土、管线、设备等建筑材料与网络、数据、人整合到一起,实现生产管理方式的智能化。

物联网可以贯穿装配整体式混凝土结构生产、施工与管理的全过程,为预制构件生产、运输、存放、装配施工等一系列环节的实施提供了关键技术基础,保证了各类信息跨界的无损传递、高效使用,实现精细化管理,实现信息可追溯性。

(1)预制构件生产

在构件的生产制造阶段,对构件植入 RFID 标签,标签里包含有构建单元的各种信息,以便于在运输、储存、施工吊装的过程中对构件进行管理,这就相当于给部品(构件)配备上了"身份证",可以通过该标签对部品的来龙去脉了解的一清二楚,可以实现信息流与实物流的快速无缝对接。

(2)预制构件运输

根据施工顺序,将某一阶段所需的构件提出,装车,用读写器一一扫描,RFID 标签,记录下出库的构件及装车信息。运输车辆上有 GPS 可以实时定位监控车辆所到达的位置,到达施工现场以后,扫码记录根据施工顺序卸车码放入库。

(3)预制构件装配施工的管理

在装配整体式混凝土结构的装配施工阶段,BIM 与 RFID 结合可以发挥较大作用,体现在以下两个方面:一是构件储存管理;二是工程的进度控制,两者的结合可以对构件的储存管理和施工进度控制实现实时监控。另外,在装配整体式混凝土结构的施工过程中,通过 RFID 和 BIM 将设计、构建、生产、营造施工各阶段紧密联系起来,不但解决了信息创建、管理、传递的问题,而且 BIM 模型、三维图纸、装配模拟、采购、制造、运输存放安装的全程跟踪等手段,为工业化建造的普及奠定了坚实的基础,对于实现建筑工业化有极大的推动作用。

7.2.2 设计阶段构件的信息管理

1.装配式建筑在设计阶段应用 BIM 技术的意义

装配式建筑是一种先进的建筑模式,由于其具有能减少施工污染、提高施工效率等优点,越来越受到社会的关注在建筑行业中被广泛应用。装配式建筑在整个设计过程中需要考虑预制构件的预留预埋、管线交叉、钢筋碰撞等整个专业的交互问题,依靠传统现浇结构设计,在增加设计人员工作量的同时也极易出现错漏碰缺问题。

BIM 技术作为一种信息化技术,融合建筑工程的各项相关数据,通过数字仿真模型真实地展现了建筑物所具有的各项特征,应用 BIM 技术可以组建起各专业协同工作的设计平台,通过设计平台同步修改设计内容,互相传递各专业设计信息,使得设计人员能够及时发现并解决专业间的冲突问题。装配式建筑中预置构件的种类和样式较多，"牵一发而动全身"，所以通过 BIM 技术平台上的联动设计可以做到同步修改相应设计参数，节省因失误和反复所消耗的时间；利用 BIM 技术建立起标准化的"族"库，随着"族"库的不断扩充，通过调用"族"库设计数据提高装配式建筑设计效率。借助 BIM 技术在设计阶段对装配式建筑各预制构件进行组合优化和施工模拟，能极大地减少施工阶段预制构件的安装误差问题，以三维的可视化形式直接观察构件之间的连接，减少因设计原因导致的安装问题。

BIM 是应用于装配式建筑的设计、生产、施工、运维、整个过程能够极大地提高资源利用率，而设计作为整个过程中的先行阶段。通过 BIM 技术来提早发现并解决各类后期问题，在提高装配式建筑的标准化设计，降低设计误差，整合优化生产流程，提高现场管理效率等方面有着不可或缺的作用。

2. 装配式建筑设计阶段如何应用 BIM

BIM 技术贯穿于装配式建筑设计等过程，从初步方案设计一直到构件拆分的施工图阶段，再到装配式施工图的深化设计阶段。如何最大化地发挥 BIM 技术的优势，亦是装配式建筑项目成功的关键。

（1）初步设计阶段

在装配式建筑的整体方案设计阶段，建筑设计师在结构设计师的配合下，制定出满足装配式指标的预制方案，各专业开展基于 BIM 模型的方案设计，初步设计在 BIM 技术可视化的基础上，实现建筑构造与结构预制拆分方案的一致性，并验证预制拆分方案的可行性，并可通过关键部位各专业 BIM 初步协同设计提前考虑预留预埋，以及相关预制构件的预拼接设计。

在此工程中实现专业间的 BIM 模型的综合协调，解决专业间的配合问题，以 BIM 模型在此基础上的二维视图作为阶段性成果。

（2）施工图设计阶段

以协同设计的 BIM 模型为基础进行施工图设计，在此阶段进一步完善交付模型，通过专业间的协同解决建筑构造与预制构件的节点处理，实现建筑功能，解决管线预留预埋在预制构件中的实现方案，解决预制构件钢筋的预留与现浇暗柱的连接问题。在此阶段中，通过 BIM 模型优化拆分方案，为进一步深化设计提供准备。

对预制构件的拆分要提前考虑：预制构件的工厂制作、运输、吊装等因素，构件拆分尽量为二维结构，三维构件工厂中场制作工序较多，且对运输带来一定困难，对吊点的设置增加难度，不利于现场的施工安装。

（3）深化设计阶段

深化设计阶段是拆分构件的 BIM 模型基础上，进行装配式建筑的优化设计。在此阶段，建筑构造阶段细化到预制构件上，预制构件自身的钢筋信息设计制定，实现钢筋的避让和加强，管线、设备的预留孔槽的精确定位等，把各专业协同设计成果集合到单个的预制构件上，实现从装配式建筑整体到单个构件的合理化拆分，在此基础上通过碰撞检测，最终确定构件的三维模型及二维视图的交付归档。

碰撞检测可分为以下三个部分：

①构件间的碰撞检测

a.预制剪力墙竖向连接钢筋的预留长度是否能实现套筒的有效连接;

b.竖向钢筋的空间位置是否与叠合板胡子筋交叉重合;

c.现浇暗柱是否满足一定的尺寸,避免相邻预制墙体构件水平筋碰撞,以及预制梁筋构件水平伸出钢筋的碰撞;

d.构建间管线连接点的一致性,避免出现偏位;

e.叠合板胡子筋与胡子筋是否碰撞,建筑装饰及防水构造在楼层尺寸间的精确连接;

f.注胶缝的精确留置是否有留孔部位,避免后期现场现浇施工处理。

②构件内部的碰撞检测

预制构件内部的碰撞,在深化阶段进行碰撞检测前,通过各专业的协同设计解决了一部分。构建类的碰撞主要包括:内部各钢筋的交叉碰撞,钢筋与预埋件,预留线盒的碰撞,预留孔洞线槽与钢筋的碰撞。

③预制构件与现浇暗柱和后浇板带的设计合理性检测

检测暗桩是否留置足够长度满足预制构件外伸钢筋的长度,并保证节点连接的设计合理性,预留胡子筋是否与后脚板带的宽度一致,局部凹凸异形板部位是否有特殊的处理。

根据检测结果,利用 BIM 模型优化设计,并在 BIM 模型上充分考虑生产施工阶段的影响因素,进行全过程的 BIM 技术应用,以 BIM 模型交付,为预制构件的生产施工建立基础,提供依据。

3.BIM 预制构件库的组建

根据标准化设计,利用 BIM 建立装配式构件产品库,可以使预制装配式建筑构件规范化,进而户型标准化,减少设计错误,提高出图效率,尤其在预制构件的加工和现场安装上大大提高了工作效率。

现阶段主要的 BIM 构件库组建方式主要有以下两种。

(1)根据规范图集、生产企业生产条件、设计经验,由设计单位进行预制构件建模,创建不同标准的 BIM 预制构件库。依托构件库里的标准 BIM 软件按照业主不同需求进行组装设计标准 BIM 预制构件,既满足工厂规模化、自动化加工,又满足现场高效组装要求。

(2)根据已经完成的结构布置进行预制构件拆分,自动生成相应的预制构件模型。这种模型虽然减少了预制构件模型的建模过程,减轻了工作量,但是拆分的预制构件种类较多,不利于标准化生产。建议在建筑方案阶段就进行装配式的整体考虑,配合自动拆分,实现合理的装配式设计。

4.基于BIM技术的装配式住宅标准化设计

装配式住宅建筑的设计应当按照"一致性最大化"的原则向标准化、模块化设计方向改进,实现少规格、多组合、系列化、集约化的生产建造。因此,从方案设计之初就应该推行标准化理念,为后续的深入设计创造条件。

装配式建筑的标准化、模块化是在建筑设计中按照一定模数体系规范构配件和部品的尺寸,尽可能统一,从而形成系列化的标准模块,模块按照一定程序原则进行组合,生成住宅产品,建筑标准化体系是建筑工业化的必备条件,同时也是建筑生产进行社会化协作的必要条件,实行标准化还需要考虑住宅的多样化,避免出现千篇一律。

因此,标准化研究需要考虑两个方面:第一,紧密结合装配式建筑的特点。BIM 技术建立数据平台,实现建筑标准化部品部件模块的规格,种类最少化。第二,充分考虑居住者追求个性化的心理,通过模块化、标准化模块的组合,实现住宅产品的多样性,更好地适应不同客户群对住宅空间、品质的多样化需求。如图 7-3 所示。

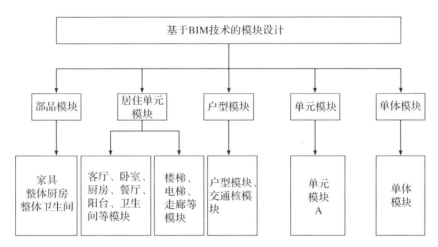

图 7-3　基于 BIM 技术的模块设计

5.各专业协同设计

设计阶段的 BIM 应用的主要价值体现之一就是 BIM 协同设计与协同工作。协同设计需具备的功能有工作共享、内容复用、动态反馈。BIM 系统设计优于传统二维图纸设计,在装配式建筑设计阶段优势更加明显。

中心文件的建立为各专业简化了文件的传递,并确定了唯一的交付模型,唯一性的确立为装配式建筑的 BIM 交付模型的精准性提供了保障,规避了传统二维图纸设计各专业交叉错误的弊端。装配式建筑在设计阶段需提前考虑生产、施工、运维等各阶段的因素,BIM 协同设计让专业的穿插趋于流畅。

6.扩展应用部分

通过 BIM 的精确设计后可大大降低专业间交错碰撞,且各专业分包可利用模型开展施工方案和施工顺序讨论,可以直观清晰地发现施工中可能产生的问题,并给予提前解决,从而大量减少施工过程中的误会与纠纷,也为后阶段的数字化加工、数字化建造打下坚实基础。

7.3　施工阶段 BIM 应用

　　装配式建筑的构配件生产过程中,将原来在施工现场进行的工作转移到工厂的生产车间,这将提高生产(建造)速度,缩短建造工期,同时借鉴制造业成熟的生产制造系统,有助于提高构配件生产效率和生产质量,降低生产成本和事故发生率,对于整个施工项目的顺利合格完成有一定的保障。

　　由于工程项目不同于一般的制造业生产过程,面对每个配件的生产,运输,组装等不同阶段位于不同场所的要求,以及考虑到单件构配件体积及重量,迫切需要一套与之相应的信息化管理系统,BIM 技术的出现很好地解决了这一问题。

　　配件在工厂中进行生产制造具有明显的优势,但构配件本身的建筑物品属性决定了构配件的生产不同于一般产品的生产制造过程,工厂的生产制造需要和施工现场的施工情况相结合,这就为施工组织协调增加了难度。归根结底,在管理中协调的过程就是进行信息交流的过程,所以及时的信息交流将会是解决问题的关键。BIM 平台作为构配件信息虚拟储存平台为各方信息交流提供了通道,而位于构配件中的 RFID 芯片为各方对构配件的管理信息提供了储存功能,将现实中的构配件与 BIM 模型中的虚拟构配件进行了连接,沟通了现实与虚拟。如图 7-4 所示。

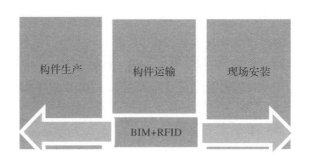

图 7-4　BIM 与 RFID 结合

7.3.1　构配件生产制造阶段的 BIM 应用

　　相比于传统的建筑施工,装配式建筑施工在制造工厂就已经开始,做好工厂生产的准备工作。为保证每个配件到现场都能准确安装,不发生错漏碰缺,生产前需要利用 BIM 技术进行"深化"工作,也就是将每个构配件事先在 BIM 模型中进行虚拟生产及组装,将二维图纸中存在的失误降到最低,经"深化"后的图纸发给制造工厂,作为生产依据。

　　设计人员在深化设计阶段,用 BIM 软件建立构件的三维模型数据库,并对构配件模型进行碰撞优化,不仅可以发现构配件之间是否存在干涉和碰撞,还可以检测构件的预埋钢筋之间是否存在冲突和碰撞。根据反馈的碰撞检测结果调整修改构件设计图纸,实际的构配件生产图纸与模型中构配件通过 BIM 底层数据信息相联系,一旦对模型中虚拟构配件进行修改,可通过 BIM 管理平台及时将数据信息传递,使工厂内与其相对应的构配件图纸自动实时更新。三维图纸除了能准确表达构配件外观信息外,对于构建相关钢筋信息、预埋件信息也能做到准确表达,可直接用于指导构配件生产,使图纸做得细致、实时、动态,精确减少因设计造成的质量隐患。

通过图纸会审和三维可视化技术进行优化设计和碰撞检查后的三维数据模型,将其中需要工厂生产的构配件信息通过 BIM 信息平台,将模型中的预构配件信息库直接下发到工厂,减少信息传递的中间环节,避免信息由于传递环节的增加而造成信息流失,从而导致管理的失误。工厂利用得到的三维模型以及数据信息进行准确生产,以减少二维图纸传输过程中读图差异所导致预制构件生产准备阶段订单质量隐患,确保预制构件的精确加工。

在构配件加工过程中,工人就通过 RFID 芯片,给每个构配件编织的"身份 ID"为后续构配件的有效管理提供支持,工人对构配件的材料信息进行写入,形成可追溯表单,并将记录结果通过手持设备录入此构件内部芯片,同时芯片的关联信息通过现场无线局域网传输进 BIM 模型,使模型中这一构配件数据实时更新。这样,项目管理人员、业主以及工厂的管理人员可以随时通过 BIM 模型来查看构配件情况,以便实时对构配件进行控制。

在构配件生产完成时,使用三维扫描仪器进行最后的质量检查。扫描构配件并使扫描得到的三维模型,通过构配件内置芯片,实时上传 BIM 模型数据库,数据库接收数据和根据编码 ID 自动与模型内设计构配件进行对比,使设计的模型数据和生产的构配件数据从虚拟和现实角度控制构配件的质量,重点对构配件的外形尺寸、预埋件位置等进行检查对比,对不合格的构配件在模型中给予颜色显示,用于提醒质量管理者,同时下发指令,阻止缺陷构配件出厂,保障出厂构配件的质量。

7.3.2　构配件物流运输阶段的 BIM 应用

在构配件的生产运输阶段,将 BIM 技术与 RFID 技术结合,根据构配件的形状、重量,结合装配现场的实际情况,合理规划运输路线,灵活选择运输车辆,合理安排运输顺序。

基于 BIM 和 RFID 强大的技术支持,使 BIM 模型中储存的虚拟构配件与现实中的构配件在形状、尺寸,甚至质量的信息都保持一致,这就为模拟运输提供了条件。在进行构配件现实运输前,首先在计算机虚拟环境中做到提前发现问题,比如在车辆的选择上,构配件的排布上,甚至将 BIM 系统与城市交通网络相连接,直接将运输路线也提前规划了,直接将运输纳入施工现场的管理中,这将有利于保证运输的可靠性。

7.3.3　构配件现场储存阶段的 BIM 应用

构配件进入装配现场时,根据读取构件 ID,按照 BIM 中心给出的施工方案,对构配件的使用位置、使用时间做出正确的判断,做到构配件的现场合理分布,以免发生二次搬运对构配件进行破坏。

建筑施工现场在储存时应考虑以下因素。

1.存放位置

构配件入场时,首先要考虑的就是构配件的存放位置。存放位置遵循两个原则:一是基于构配件自身的考虑,根据构配件的使用位置及情况,综合确定构配件的存放位置,主要是以减少构配件入场后的二次搬运为主,减少在储存过程中应二次搬运队构配件造成破坏;二是基于整体场布的考虑,构配件的存放位置不能对施工现场人流、施工机械的进出产生影响,从而影响施工进度。

2.存放环境

构配件在施工过程中对精度相对要求较高,所以在储存过程中要保持构配件的储存质量,如构配件中存在预埋件的应当适当进行防潮、防湿处理。为了便于对构配件的使用,储存现场应对现场场地进行硬化处理,适当放坡,在处存放过程中保持构配件与地面、构配件之间存在一定空隙,保持通风顺畅、现场干燥。

3.专人看护

在构配件的储存过程中应有专人进行看护,做到每天对构配件进行早晚库存盘查,并通过手指RFID阅读器。将每天的库存盘查情况实时上传BIM中心,做到与虚拟环境中的构配件实时互动,为现场施工方案的修正提供辅助信息。

4.模拟场布

施工现场向构配件制造工厂发出物流运输请求的同时,根据虚拟环境下构配件的物理信息,对构配件提前在施工现场进行虚拟场布,储存模拟按照施工现场实际情况的构配件的储存进行预演,为下一步的构配件进场扫清障碍,将粗放式的建筑工地向精细化管理迈进。

7.3.4　基于BIM的施工场布管理

根据施工现场要求,以及工作量大小,选取合适的施工机械,同时对现场临时设施进行合理规划,减少后期施工过程中临时设施的拆卸,有效节省施工费用,减少施工浪费,提高施工效率。

可对项目塔式起重吊机、场地、各类建筑物、施工电梯及二次砌体等进行模拟,方便施工人员熟悉相关施工环境,以及根据施工场地特点,因地制宜地对场地进行合理的布置,并可对脚手架、二次砌体以及临时设施进行计算。

通过施工现场场布模拟,可以对施工现场进行有效平面布置管理,解决施工分区重叠,特别是在狭小施工项目中显得尤为重要。BIM技术作为一个管理平台,将拟建的建筑物、构筑物以及设备和需要的材料等预先进行模拟布置,对实际施工过程具有重要指导意义。

7.3.5　基于BIM的施工信息进度管理

应用BIM技术对施工项目进行进度管理时,可以通过施工模拟将拟建项目的进度计划与BIM模型相关联,使模型按照编制的进度计划进行虚拟建造,针对虚拟建造过程中出现的问题,随时修正项目建设的进度计划,通过三维动画方式预先模拟建设项目的建造过程,直观形象,有助于发现进度计划的不合理之处,在不浪费实际建造材料的情况下将施工进度计划予以优化,并且支持多方案比较,在有多个施工计划时,可以按照每个进度计划进行模拟,比较进度计划的合理性。

在施工过程中,将实际的施工进度输入 BIM 模型中,将实际进度与计划进度进行比较,当实际进度落后于计划进度时模型中以红色显示;当实际进度超前时,则以绿色显示,并且在进度跟踪的基础上还可以将费用与进度相结合管理,形成施工过程的增值曲线,对项目进度管理做到实时控制。

7.3.6　装饰装修中 BIM 的应用

利用 BIM 技术的可视化、可出图、信息完备等特性,对精装位置进行排版定位,把项目所需的每一种材料的精确数量体现出来,如块料铺贴,能将块料铺贴的数量包括整块切割的数量、切边的尺寸,都能得到精确的数量因此所有块料的加工切面都由工厂进行,现场工人只需依据图纸进行铺贴就可以了,基本上没有浪费,其他材料也是如此控制。精装修项目的成本控制主要是材料费及人工费的控制。运用 BIM 技术,依据建模图纸基本上就可以进行施工,工人不需要进行材料加工,节省了施工时间,减少了人工费的支出,降低了成本。

7.4　装配式建筑 BIM 运维管理

不管是装配式建筑还是传统建筑,在使用过程中难免会发生一系列问题,在问题发生后,更新和维修就显得尤为重要。传统建筑业因为施工工艺的缘故,在发生建筑问题时很难发现,也很难进行维修。装配式建筑由于构件繁多,在寻找问题和解决问题上,也并非十分简单,这个时候 BIM 技术就体现出它的作用了。由于拥有所有构件的实时监测数据,当问题发生后,相关人员可以快速发现故障构件,并且可以对反馈的数据进行分析,及时找到问题缘由并加以维护。同时,BIM 技术可以反映问题严重程度,使工作人员对问题的解决速度了解清晰,居住者也可以及时了解自己的居住情况以及安全情况,大大提高了居住者的心理适应情况,提高使用者的使用质量。

在项目后期的运营维护方面,采用预埋传感器方式,实时动态监测安全参数,反馈到 BIM 软件中,分析承载力和耐久性,提前预防可能出现的问题,减少因突发状况导致的不必要费用,保证装配式建筑的质量问题。要深入分析数据,建立相关模型,离不开大量数据的采集实时监测应力应变。三维视图的方式便于维护人员快速找到问题源头,跟踪到具体构件,及时进行设备维护,比如在发生火灾的时候,不仅可以采用自动排烟系统报警,还能发现着火点,采用 BIM 技术的漫游模拟功能,利于合理分析逃生路线,减少损失。应用 SOWT 法分析 BIM 技术在项目运营阶段的可行性,解决目前对项目与运营阶段设施管理力度薄弱以及 ACE—FM 的信息移交转换度低等问题。

参考文献

[1] 曹新颖,鲁晓书,王钰.基于BIM-RFID的装配式建筑构件生产质量管理[J].土木工程与管理学报,2018,35(04):102-106,111.

[2] 刁晓翔.装配式建筑预制构件生产安装质量控制和信息管理技术研究与探索[J].住宅产业,2020(10):100-107.

[3] 丁业兵.双代号网络图的简易绘制方法[J].科技视界,2021(06):146-147.

[4] 黄林青,梁渝,杨小高.BIM和RFID技术在装配式构件吊装过程的应用[J].建筑安全,2020,35(02):42-45.

[5] 黄伟明.网络计划流程优化在建筑施工组织中的应用[J].中国建材科技,2019,28(02):132-133.

[6] 吉程华,封佳伟,陆华炎,等.基于BIM技术的装配式建筑全过程管理研究[J].建设科技,2019(16):44-47.

[7] 李珉.基于BIM技术的施工现场质量安全管理探究及应用[J].大众标准化,2021(12):10-12.

[8] 李旋.BIM技术在装配式建筑构件中的应用[J].建材与装饰,2020(12):30-31.

[9] 廖京,曾思智,王雪飞.BIM技术在装配式建筑预制构件及施工运维管理的应用[J].江西建材,2019(09):186-187.

[10] 凌志飞,张镜剑,杨开云.建筑施工现场安全事故风险评价[J].华北水利水电学院学报,2006(03):100-103.

[11] 刘德富,彭兴鹏,刘绍军,等.BIM5D在工程项目管理中的应用[J].施工技术,2017,46(S2):720-723.

[12] 刘建文,王金裕,赵先超.基于BIM的绿色建筑全生命周期环境影响评价与标杆树立研究[J].湖南工业大学学报(社会科学版),2019,24(01):71-77.

[13] 刘树樾.工程量造价软件设计的研究[J].制造业自动化,2011,33(02):186-188.

[14] 任宏伟,于淼,才士武.基于BIM的装配式建筑施工成本控制[J].华北理工大学学报(自然科学版),2019,41(03):95-101.

[15] 宋明健,黄会军,周丕健,等.施工总平面规划布置原则及其应考虑的影响因素[J].工业建筑,2014,44(S1):1198-1200.

[16] 汤英,景玉飞.施工总承包工程竣工结算审价争议问题的分析与解决[J].建筑经济, 2020,41(S1):119-122.

[17] 唐靖武,夏冰冰,孙少秋,等.BIM 技术在工程施工安全管理中的应用展望[J].科技 与创新,2021(13):41-42.

[18] 王廷魁,赵一洁,张睿奕,等.基于 BIM 与 RFID 的建筑设备运行维护管理系统研究 [J].建筑经济,2013(11):113-116.

[19] 王信信,金坚强,周慧.BIM 技术在装配式建筑运维阶段的应用[J].建筑与文化, 2020(01):178-179.

[20] 王艺.模板脚手架工程 BIM 技术应用[J].建筑安全,2020,35(03):10-14.

[21] 夏凡,文帅.BIM 技术在建筑铝合金模板工程中的应用[J].智能建筑与智慧城市, 2020(09):58-59.

[22] 谢娜.BIM 技术在装配式建筑设计与运维管理中的应用[J].工业设计,2019(12): 92-93.

[23] 徐照,占鑫奎,张星.BIM 技术在装配式建筑预制构件生产阶段的应用[J].图学学 报,2018,39(06):1148-1155.

[24] 许立强,付明琴,王程程.装配式建筑安全管理中 BIM 技术的应用研究[J].建筑经, 2021,42(04):53-56.

[25] 叶浩文,周冲,韩超.基于 BIM 的装配式建筑信息化应用[J].建设科技,2017(15): 21-23.

[26] 张莹莹.装配式建筑全生命周期中结构构件追踪定位技术研究[D].南京:东南大 学,2019.

[27] 赵梓君,向奕萱.BIM 技术在装配式建筑施工中的应用[J].中国科技信息,2019 (20):36-37.

[28] 郑宇.浅析进度管理在建筑工程管理中的重要性[J].中国建筑金属结构,2021(06): 26-27.

[29] 中国工程院全球工程前沿项目组.全球工程前沿 2020[M].北京:高等教育出版 社,2020.

[30] 朱金海.BIM 技术在装配式建筑中的运用[J].建筑科学,2021,37(01):161-162.